Hopf · Schecker · Höttecke · Wiesner

Physikdidaktik kompakt

Martin Hopf, Horst Schecker, Dietmar Höttecke,
Hartmut Wiesner, Roland Berger, Raimund Girwidz,
Hendrik Härtig, Peter Heering und Josef Leisen

Martin Hopf
Horst Schecker
Dietmar Höttecke
Hartmut Wiesner
(Hrsg.)

Physikdidaktik
kompakt

Aulis

Klett | Kallmeyer

Bibliografische Information der Deutschen Nationalbibliothek
Die Deutsche Nationalbibliothek verzeichnet diese Publikation in der Deutschen Nationalbibliografie; detaillierte bibliografische Daten sind im Internet über http://dnb.d-nb.de abrufbar.

Impressum

Martin Hopf, Horst Schecker, Dietmar Höttecke, Hartmut Wiesner
Physikdidaktik kompakt

2. Auflage

Redaktion: Margret Liefner-Thiem
Bildnachweis: Friedrich Verlag GmbH (Cover); Horst Schecker, Hartmut Wiesner (S. 25); Hartmut Wiesner (S. 60)
Druck: Beltz Grafische Betriebe GmbH, Am Fliegerhorst 8, 99947 Bad Langensalza
Printed in Germany

ISBN (print): 978-3-7614-3013-2
ISBN (E-Book): 978-3-7614-3014-9

Inhalt

Vorwort zur neu bearbeiteten Auflage 2022/2025

Seit dem Erscheinen von *Physikdidaktik kompakt* im Jahr 2011 wurden in den Folgeauflagen jeweils kleinere Aktualisierungen vorgenommen. Es war nach zehn Jahren an der Zeit, das Lehrbuch gründlich zu überarbeiten und 2021 auf den neuesten Stand zu bringen. Manche Kapitel – wie → **Kap. 1** „Was ist Physik?“ – blieben dabei im Wesentlichen erhalten. In anderen Themenfeldern der Physikdidaktik – z. B. bei den Schulleistungsstudien (→ **Kap. 17**) – waren die Entwicklungen dagegen sehr dynamisch, was zu deutlichen inhaltlichen Änderungen führte. Alle Kapitel wurden einem gründlichen Feinschliff unterzogen und aktualisiert. → **Kap. 3** „Bildungsstandards“ wurde 2025 erneut den aktuellenEntwicklungen angepasst. Die Internetadressen wurden überprüft (Stand 1.6.2021). Erhalten bleibt die Grundkonzeption einer kompakten Darstellung der zentralen Wissensbasis der Physikdidaktik, jeweils mit Verweisen auf weiterführende Literatur. Der Umfang des Buches wurde trotz der Aufnahme neuer Themen nicht erhöht.

Größere inhaltliche Änderungen der vorliegenden neu bearbeiteten Auflage liegen in folgenden Punkten:

- Wegen der Bedeutung der Sprache im Physikunterricht wurde dafür ein eigenes Kapitel geschrieben.
- Das Kapitel „Bildungsstandards“ greift die 2020 verabschiedeten Physik-Standards für die Allgemeine Hochschulreife auf und berücksichtigt die Standards für den Mittleren Schulabschluss in der grundlegend überarbeiteten Fassung von 2024.
- In das Kapitel „Schulleistungsstudien“ wurden die nationalen Untersuchungen zum Erreichen der Bildungsstandards für den Mittleren Schulabschluss aufgenommen.
- Im Kapitel „Schülervorstellungen“ werden die Beispiele jetzt „kompakt“ auf Optik und Quantenphysik konzentriert. Auf eine Darstellung in der Breite weiterer Themengebiete konnte verzichtet werden, weil es zu Schülervorstellungen inzwischen ein eigenes Lehrbuch gibt.
- Die Beschreibung von Unterrichtskonzeptionen, in denen Ergebnisse der Schülervorstellungsforschung berücksichtigt sind, wurde in das Kapitel „Konzeptentwicklung“ integriert.
- Im Kapitel „Medien“ liegt der Fokus jetzt deutlicher auf digitalen Werkzeugen.
- Zudem erscheint das Lehrbuch erstmals auch als eBook.

Physikdidaktik kompakt soll weiterhin eine überblicksartige Orientierung in der Physikdidaktik ermöglichen oder zur Auffrischung physikdidaktischen Grundwissens beitragen. Der Band möchte damit einen vertieften Einstieg in physikdidaktische Literatur vorbereiten. Hauptzielgruppen bleiben Lehramtsstudierende und Lehrkräfte im Vorbereitungsdienst.

Mit der überarbeiteten Auflage wurde der Herausgeberkreis um Dietmar Höttecke (Universität Hamburg) erweitert.

Wien, Bremen, Hamburg
Frankfurt a. M. im Januar 2025
Martin Hopf, Horst Schecker, Dietmar Höttecke und Hartmut Wiesner

Vorwort

Für ein Buch, das die Physikdidaktik kompakt darstellen soll, müssen folgende Fragen bedacht werden:
- Was ist Physikdidaktik?
- Wie wird physikdidaktische Kompetenz erworben?
- Was gehört zur physikdidaktischen Wissensbasis?

Physikdidaktik befasst sich mit der Theorie und der Praxis des Lernens und Lehrens von Physik. So weit besteht Konsens über die Frage *„Was ist Physikdidaktik?"* – ebenso darüber, dass physikdidaktische Fähigkeiten wesentliche Bestandteile der professionellen Kompetenz von Physiklehrkräften sind. Es ist eine wichtige Aufgabe des Lehramtsstudiums und des Vorbereitungsdienstes, diese Kompetenz zu entwickeln.
Zur Frage *„Wie wird physikdidaktische Kompetenz erworben?"* gibt es recht unterschiedliche Auffassungen. Man findet die Ansicht, es sei eine Kunst, Physik zu unterrichten, die natürliche Begabung und Fachkompetenz erfordere. Andere hingegen verstehen den Physikunterricht als ein Handwerk. Dies erlerne man am besten, indem man zu einem erfahrenen „Meister" in die Lehre gehe oder sogar nur aus eigener Erfahrung. Wieder andere sehen den Physikunterricht als Praxisfeld physikdidaktischer Forschung. Es gehe darum, die Erkenntnisse aus empirischen Studien über Lehr- und Lernprozesse direkt in den Unterricht zu übertragen.
Alle drei Positionen sind in ihren Zuspitzungen unhaltbar – und enthalten gleichzeitig zutreffende Elemente. Wie für jede Tätigkeit sind auch für das Unterrichten bestimmte persönliche Merkmale hilfreich, z. B. Begeisterungsfähigkeit für ein Fach. Aktuelle Studien belegen die Bedeutung des Fachwissens als notwendige, aber nicht hinreichende Bedingung für professionelle Handlungskompetenz von Lehrkräften. Natürlich kann man von erfahrenen Unterrichtspraktikern viel lernen, insbesondere, wenn sie nicht nur zeigen, *wie* sie unterrichten, sondern auch theoriebezogen begründen können, *warum* sie Physik so unterrichten. Zweifellos hat die empirische fachdidaktische Forschung eine Vielzahl von Ergebnissen zum Lernen und Lehren der Physik erbracht, die für die Praxis unverzichtbar sind.
Kompetenzen, auch die des Unterrichtens von Physik, entwickeln sich aus einem Zusammenspiel von Wissen, Erfahrung, Routinen und der Bereitschaft zur kritischen Überprüfung von Handlungsweisen. Als Grundlage für reflektiertes Unterrichtshandeln ist eine solide Kenntnis physikdidaktischer Erkenntnisse und Konzeptionen unabdingbar. Diese Wissensbasis wird überwiegend in den fachdidaktischen Lehrveranstaltungen des Lehramtsstudiums erworben. Sie beruht auf den Ergebnissen langjähriger physikdidaktischer Forschung und Entwicklung sowie der Diskussion über Ziele und Konzeptionen von Physikunterricht. Für ihre Anwendung und Erprobung gibt es bereits im Studium Praxisanteile. Der Vorbereitungsdienst verbreitert die Praxiserfahrungen und erweitert die Wissensbasis insbesondere in curricularer Hinsicht.
Physikdidaktisches Wissen bildet in enger Verbindung mit Fachwissen den Ausgangspunkt für die Planung und Analyse von Unterricht. Kompetent handelnde

Physiklehrkräfte wählen physikdidaktische Konzeptionen und Erkenntnisse für anstehende Lehr-Lern-Situationen gezielt aus, erproben und hinterfragen sie, um daraus – möglichst gemeinsam in einer Gruppe mit Kolleginnen und Kollegen – schülerbezogene und fachgemäße Lernumgebungen weiterzuentwickeln. Für die Herausbildung dessen, was international als „pedagogical content knowledge" bezeichnet wird, bedarf es also einer physikdidaktischen Wissensbasis.

Was aber gehört zur physikdidaktischen Wissensbasis – insbesondere für angehende Lehrkräfte? Die internationale fachdidaktische Forschung erweitert ständig den Erkenntnisstand über das Lehren und Lernen von Physik. Obwohl die forschungsbasierte Physikdidaktik eine recht junge wissenschaftliche Disziplin ist – es gibt sie in Deutschland etwa seit den 1970er Jahren –, haben die Anzahl der Aufsätze in den Forschungszeitschriften und die Seitenzahl der Lehr- und Handbücher inzwischen einen großen Umfang erreicht. Es erschien uns daher an der Zeit, die für Lehramtsstudierende und Referendare wichtigsten Ergebnisse physikdidaktischer Forschung und Entwicklung zu sichten und kompakt darzustellen. Im vorliegenden Buch werden drei große Bereiche behandelt:

- physikalische Bildung (Charakter der Physik, Bildungsziele, Bildungsstandards),
- Lernen von Physik (Schülervorstellungen, Begriffsentwicklung, Interesse),
- Gestalten von Physikunterricht (Methoden, Medien, Aufgaben).

Von dieser Wissensbasis ausgehend kann für die Vorbereitung von Praxisphasen und für Vertiefungen in Seminararbeiten gezielt weiteres Material recherchiert werden. In jedem Kapitel finden sich dazu Literaturhinweise. „Physikdidaktik kompakt" ist auch als Repetitorium für die Prüfungsvorbereitung im Lehramtsstudium oder im Referendariat verwendbar.

München, Bremen und Wien, im Juni 2010

Hartmut Wiesner, Horst Schecker

und Martin Hopf

1. Was ist Physik?

Was ist Physik? Ist es das, was Physikerinnen und Physiker in Wissenschaft und Industrie täglich tun? Oder das, was man im Physikstudium lernt – also ein Wissens- und Methodenbestand? Und entspricht das, was im Physikunterricht gelehrt und gelernt wird, dem Charakter physikalischer Forschung? Unter Forschenden und auch unter Lehrenden gibt es immer wieder Diskussionen, ob ein Thema oder eine Methode noch als physikalisch gelten kann, zu einer anderen wissenschaftlichen Disziplin zählt oder vielleicht auch gar nicht wissenschaftlich ist.

Erkenntnisgegenstände und kulturelle Praxis der Physik

Traditionell wurde Physik von ihrem Erkenntnisgegenstand her als eine Wissenschaft definiert, die das Verhalten der unbelebten Natur beschreibt, sofern es zu keinen stofflichen Veränderungen kommt. Mit einer solchen Bestimmung wurde versucht, Physik von Biologie und Chemie abzugrenzen; eine derartige Definition ist aber nicht mehr zeitgemäß. Sie grenzt interdisziplinäre Bereiche aus, die sich aus der Überlappung von Physik mit anderen Disziplinen ergeben. Mit dem Herausbilden von Disziplinen wie Physikalische Chemie, Biophysik, Neurophysik oder Technische Mechanik wird deutlich, dass es keine zeitlich überdauernde scharfe Abgrenzung zwischen den Wissenschaften geben kann.

Ein vergleichbares Problem stellt sich auch für Physiklehrende: Im Unterricht fügen sich Inhalte – gerade wenn sie unter didaktischen Aspekten ausgewählt sind – nicht ohne Weiteres in den traditionell definierten Kanon des Fachwissens. Zählt ein Unterricht über Lärm, der neben Begriffen wie Schallpegel oder Schallwelle auch Schädigungen des Gehörs durch laute Musik behandelt, noch im engeren Sinne zur Physik? Wozu zählen physiologische Aspekte der Wahrnehmung von Geräuschen?

Definiert man Physik als historisch gewachsene kulturelle Tätigkeit, dann rückt der Arbeitskontext in den Vordergrund. Physik hat sich seit dem 16./17. Jahrhundert (den Zeiten von Kopernikus, Kepler, Galilei, Newton) systematisch entwickelt und wurde in den entstehenden wissenschaftlichen Gesellschaften und Universitäten verankert. Heute verfügt in Deutschland praktisch jede Universität über ein physikalisches Institut. Physikalisch Forschende sind Mitglieder wissenschaftlicher Gemeinschaften. Sie gehören Fachverbänden an, veröffentlichen ihre Ergebnisse in Fachjournalen und arbeiten in größeren Projektgruppen eng zusammen. Ebenso wie die Ausbildung sorgt ein derartiges System dafür, dass wissenschaftliche Fragestellungen entsprechend den etablierten Standards bearbeitet werden, aber auch, dass die Tradition der physikalischen Forschung zur Legitimation ihrer aktuellen Praxis herangezogen werden kann (vgl. Fleck, 1983). Die Wahl von Forschungsfragen basiert keineswegs allein auf innerwissenschaftlichen Kriterien. Ökonomische Interessen (z. B. Forschung zu Nanomaterialien), politische und gesellschaftliche Vorgaben (z. B. Forschung zu organischen Solarzellenmaterialien) sind neben den individuellen Interessen der Forschenden wichtige Einflussfaktoren.

Im Gegensatz zur tradierten und auch häufig im Physikunterricht vermittelten

Vorstellung der Forschung werden neue Erkenntnisse in aller Regel nicht durch einzelne geniale Forschende gewonnen. Physik ist das Produkt der Interaktion, Konkurrenz und Zusammenarbeit von Forschergruppen. Neues Wissen wird innerhalb einer Wissenschaftlergemeinschaft in einem komplexen sozialen Aushandlungsprozess etabliert. Hierbei sind Kontroversen keine Seltenheit. Sie resultieren oft aus einem Dissens über die Interpretation von Mess- oder Simulationsdaten, geeignete Instrumente und Messmethoden oder Modellannahmen. Bei deren Beilegung spielt auch die wissenschaftliche Reputation der Forschenden eine wichtige Rolle.

Soziale Prozesse spielen in der Wissenschaftlergemeinschaft eine wesentliche Rolle bei Aushandlungen, andere Argumente sind aber ebenfalls von großer Bedeutung. Als zentrale Argumente fungieren hierbei insbesondere die Stringenz theoretischer Ansätze, die Erklärungsmächtigkeit und Fruchtbarkeit neuer Theorien sowie die Reproduzierbarkeit von experimentellen Ergebnissen. In der Forschungspraxis sind solche Argumente weniger eindeutig und unstrittig, als sie auf den ersten Blick scheinen. Der Anspruch auf Wiederholbarkeit von Experimenten in anderen Laboren ist nämlich in der Praxis nicht immer umsetzbar. Das ist nicht nur so, weil Ressourcen (Finanzen, Apparaturen) immer begrenzt sind. Vielmehr ist zum erfolgreichen Experimentieren auch ein nicht verbalisierbares Handlungswissen erforderlich (ähnlich dem Wissen über gutes Kochen), das in der Praxis erst mühselig erworben werden muss.

Die o. g. zentralen Argumente werden zwar auch explizit in physikalischen Debatten verwendet. Sie erhalten allerdings in der Retrospektive, die beim wissenschaftlichen Publizieren eingenommen wird, ein höheres Gewicht als in der tatsächlichen Forschungspraxis. Die physikalische Theorieentwicklung erscheint dann oft rationaler und stringenter, als sie tatsächlich war. Nach dieser Sichtweise setzt sich eine neue Theorie dann durch, wenn sie einerseits die vorhandenen Befunde „einfacher" als die bisherige Theorie erklären kann und andererseits das Potenzial für die erfolgreiche Untersuchung vieler neuer Fragen besitzt. Eine Festlegung, was „einfach" ist und welche potenziell zu untersuchenden Fragen wesentlich sind, ist aber ohne weiteres gar nicht klar und wird erst durch soziale Aushandlungsprozesse in der Gemeinschaft der Wissenschaftlerinnen und Wissenschaftler festgelegt. Aus heutiger Sicht erscheint das Standardmodell der Elementarteilchenphysik als elegante Rückführung des „Teilchenzoos" auf wenige, einfache Prinzipien (Quarkmodell der Hadronen). Historisch betrachtet war es jedoch für viele Jahre sehr umstritten. Seine „Einfachheit" in heutigen Lehrbüchern wurde zu Zeiten der Entwicklung des Standardmodells sogar als unzulässige Simplifizierung abgelehnt. Vergleichbare Mechanismen lassen sich auch bei der Einführung der Quantentheorie nachweisen.

Exkurs: Mathematisierung, Gesetze und Theorien

Physik lässt sich auch über ihren besonderen Zugang zu ihren Untersuchungsgegenständen charakterisieren. Ein wesentlicher Anspruch ist hierbei die Prognosefähigkeit. Vorgänge werden nicht nur rückblickend erklärt, sondern es wird auch das zukünftige Verhalten eines Systems vorhergesagt. Dafür werden mathematisierte Theorien und Gesetze entwickelt, die neben grundlegenden Phänomenen den wesentlichen Bestandteil des physikalischen Wissenskanons ausmachen. Mathematisierung bzw. Mathematisierbarkeit spielen für die Auswahl physikalischer Untersuchungsgegenstände daher eine zentrale Rolle. Der Physiker und Philosoph John Ziman beschrieb Physik als das Studium von Systemen, die sich auf mathematische Terme reduzieren lassen. Jung (1999, 19) knüpft daran an, wenn er Physik als „das Studium mathematischer Modelle als Modelle von realen Systemen" kennzeichnet. Hier zeigt sich deutlich, dass ein an allgemeiner Bildung orientierter Physikunterricht nicht einfach die Wissenschaft Physik im Unterricht nachbilden kann und soll.

Ein Gesetz wird als Regelwerk verstanden, das sich empirisch bewährt hat. Es soll unter Voraussetzung klar definierter Ausgangssituationen Prognosen mit hoher Zuverlässigkeit und mit einem hohen Grad an Allgemeingültigkeit ermöglichen.

Theorien leisten darüberhinausgehend eine Erklärung von Phänomenen und Vorgängen durch Rückführung auf übergeordnete grundlegende Prinzipien. Ludwig (1974) ordnet einer physikalischen Theorie drei Komponenten zu: einen Wirklichkeitsbereich, eine mathematische Theorie und eine Anwendungsvorschrift zwischen Wirklichkeitsbereich und mathematischer Theorie (Zuordnungsregeln). Je nach erkenntnistheoretischer Position wird die Entwicklung von Theorien als eine Annäherung an eine verborgene Wahrheit oder als ein Konsens von Wissenschaftlerinnen und Wissenschaftlern aufgefasst.

Exkurs: Modelle und Modellierung

H. Hertz hat 1894 im Vorwort zu seiner „Mechanik" die Funktion und den Charakter physikalischer Modelle – bzw. wie er sie nennt „innerer Scheinbilder" – in einer immer noch viel zitierten Weise beschrieben: „Es ist die nächste und in gewissem Sinne wichtigste Aufgabe unserer bewussten Naturerkenntnis, dass sie uns befähige, zukünftige Erfahrungen vorauszusehen, um nach dieser Voraussicht unser gegenwärtiges Handeln einrichten zu können. (...) Das Verfahren aber, dessen wir uns zur Ableitung des Zukünftigen aus dem Vergangenen und damit zur Erlangung der erstrebten Voraussicht stets bedienen, ist dieses: Wir machen uns innere Scheinbilder oder Symbole der äußeren Gegenstände, und zwar machen wir sie von solcher Art, dass die denknotwendigen Folgen der Bilder stets wieder die Bilder seien von den naturnotwendigen Folgen der abgebildeten Gegenstände." Hertz unterstellt

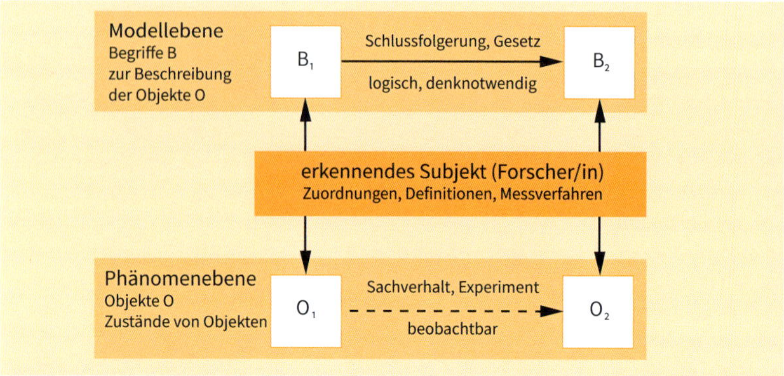

Abb. 1.1: Veranschaulichung des Hertz'schen Verständnisses von Modellen (vgl. Baumgart, Krüger, Niedderer & Schecker, 1982)

dabei eine Realität, die unabhängig vom erkennenden Subjekt existiert („äußere Gegenstände").

Ein Modell steht also als ein von Menschen vor dem Hintergrund eigener Erfahrungen gedachter Ersatz für einen Realitätsbereich, oft als gedankliches, anschauliches Bild „vor dem geistigen Auge". Ein physikalisches Modell umfasst eine vereinfachte oder idealisierte Vorstellung eines Objektes, Systems oder Prozesses. Die Mathematisierung wird durch die Beschreibung von physikalischen Eigenschaften durch quantitative Variablen erreicht. Im Prozess des Modellierens (Entwurf oder Modifizierung eines Modells) wird entschieden, welche Eigenschaften berücksichtigt werden und welche nicht. Ein Modell ist umso „besser", je mehr Voraussagen damit gemacht werden können und je genauer diese im Realbereich zutreffen. Die Voraussagepotenz eines Modells ist grundsätzlich beschränkt, weil beim Modellieren immer eine Reihe von Eigenschaften vernachlässigt wird.

Ein oft benutztes Modell ist das eines idealen Gases. Dabei stellt man sich vor, dass z. B. die Luft aus kleinen Teilchen besteht, die mit verschiedenen Geschwindigkeiten herumfliegen. Treffen die Teilchen auf Oberflächen (z. B. die Innenseite eines Autoreifens), finden elastische Stöße statt. Auf die Wand und die Teilchen werden Kräfte ausgeübt, die sich im zeitlichen Mittel und bezogen auf eine Fläche als Druck zeigt. Vernachlässigt werden anziehende und abstoßende Kräfte zwischen den Teilchen (bis auf abstoßende elastische Kräfte beim direkten Zusammenprall zweier Teilchen) und das Eigenvolumen der Teilchen. Aus diesen Annahmen können Gasgesetze hergeleitet werden, die bei ausreichend hohen Temperaturen und nicht zu hohen Drücken recht genau das Verhalten eines Gases beschreiben. Die Möglichkeit eines Phasenübergangs von gasförmig zu flüssig kann mit diesem Modell nicht vorausgesagt werden. Dazu muss das Modell durch das Einbeziehen von anziehenden Kräften ergänzt bzw. verfeinert werden.

Theorie und Experiment

Physikalische Forschung wird allgemein experimenteller oder theoretischer Physik zugeordnet, eine Unterscheidung, die sich Ende des 19. Jahrhunderts etabliert hat. Gelegentlich wird auch noch angewandte Forschung als dritter Bereich benannt. Theoretische Forschung ist mittlerweile eng verknüpft mit Computersimulationen, denen i. d. R. numerische Modelle zu Grunde liegen. In Simulationsläufen kann man solche Modelle in gewisser Weise „experimentell" prüfen: Führen die Modelle bei Variation der Ausgangsparameter zu plausiblen Ergebnissen? Theoriefrei sind weder Experimente noch Simulationen. Theoretische Erwartungen bestimmen nicht nur experimentelle Fragestellungen und apparative Entwürfe. Sie leiten auch die Datenanalyse und -interpretation an. Man spricht davon, dass Experimente und Beobachtungen „theoriegeladen" sind.

Umgekehrt erfolgt die Theorieentwicklung nicht unabhängig von Experimenten. Theorien werden zwar nicht aus Experimenten abgeleitet, aber experimentelle Ergebnisse liefern Hinweise für die Formulierung einer Theorie und die Theorie muss sich an experimentellen Ergebnissen messen lassen. Im Regelfall entsteht das Neue in der Physik in einem Wechselspiel von Theorie und Experiment (Höttecke & Rieß, 2015): Theorien verändern die Sicht der Phänomene und Phänomene verändern die Elemente von Theorien.

Die Ergebnisse experimenteller Forschung sind immer interpretationsbedürftig. Insofern kann die Natur im Experiment weder „befragt" werden, noch „spricht" sie von selbst zu den Forschenden. Experimentieren bedeutet aktives Eingreifen und Gestalten von Natur und Technik unter kontrollierbaren Rahmenbedingungen. Weder eine Theorie noch ein Gesetz können durch ein einziges, isoliertes Experiment bestätigt oder widerlegt werden. Wenn der Ausgang eines Experiments einer geltenden Theorie widerspricht, kann man ad hoc Annahmen machen, die den Einklang wiederherstellen. Oder man stellt das Experiment selbst, die Eignung der Instrumente, der Messverfahren oder auch die Expertise der Experimentierenden in Frage. Das experimentum crucis – also das Entscheidungsexperiment, das eine Theorie widerlegt oder zwischen konkurrierenden Theorien entscheidet – gibt es im Prozess der Forschung nicht. Es handelt sich vielmehr um eine in der Rückschau konstruierte Bedeutung eines Experiments. Diese verschleiert die Mechanismen, die zur Veränderung einer etablierten Theorie oder eines etablierten Gesetzes geführt haben, indem kontroverse Diskussionen und widersprüchliche Befunde ausgeblendet werden. So führte z. B. das Ergebnis des Michelson-Morley-Experiments keineswegs sofort zur Ablösung der Theorie des elektromagnetischen Äthers, sondern zunächst u. a. zur Einführung der Lorentz-Kontraktion, die dann in die Relativitätstheorie übernommen wurde.

Fazit: Nature of Science im Physikunterricht

Die bisher diskutierten Aspekte werden unter dem Begriff Nature of Science (NOS) zusammengefasst. Die folgenden Aussagen über die Natur der Naturwissenschaften gelten in der internationalen Diskussion als besonders einschlägig (vgl. McComas, 2020):

- Obwohl physikalisches Wissen oft robust ist und überdauert, hat es einen vorläufigen Charakter.
- Die Entwicklung physikalischen Wissens nimmt stark, aber nicht vollständig Bezug auf Beobachtungen, empirische Evidenz, rationale Argumente und kritische Reflexion.
- Es gibt keinen exklusiv ausgewiesenen Weg, Physik zu betreiben (und deshalb keinen universellen methodischen Algorithmus der physikalischen Erkenntnisgewinnung).
- Funktion und Status von „Gesetz" und „Theorie" sind in der Physik grundsätzlich verschieden.
- Physikalische Ergebnisse werden durch Mitglieder der wissenschaftlichen Gemeinschaft begutachtet und überprüft (Replizierbarkeit). Forschung kann sich dabei selbst korrigieren, was ein starkes Argument für Vertrauen in Wissenschaft darstellt (Oreskes, 2019).
- Beobachtungen und Theorien sind wechselseitig voneinander abhängig.
- In der historischen Entwicklung der Physik gibt es evolutionäre Phasen (Ausschärfung, Anreicherung) und revolutionäre Phasen (grundlegend neue Ansätze; vgl. Kuhn, 1976).
- Physik ist Teil der sozialen und kulturellen Traditionen einer Gesellschaft, sie ist kreativ, aber auch begrenzt.
- Physikalische Ideen sind von sozialen und historischen Kontexten beeinflusst. So waren z. B. die theoretischen Arbeiten zum zweiten Hauptsatz der Thermodynamik eng mit der technischen Optimierung von Dampfmaschinen in der ersten industriellen Revolution verbunden (Pukies, 1979).

Diese Liste kann nicht nur als Charakterisierung von Physik aufgefasst werden, sondern auch als Zielkatalog für den Unterricht (Lernen über Physik). An didaktischen Entwürfen zur Erreichung dieser Ziele wird allerdings weiterhin gearbeitet. Weitgehende Übereinstimmung herrscht darüber, dass die Entwicklung von Vorstellungen über NOS der expliziten Reflexion im Unterricht bedarf. Z. B. wird Wissen über die „Natur des Experimentierens" beim Experimentieren im Unterricht nicht einfach mitgelernt. Vielmehr bedarf es expliziter Unterrichtsphasen, um die eigene Experimentiertätigkeit zu reflektieren und mit ihren Vorstellungen über das Vorgehen von Naturwissenschaftlerinnen und Naturwissenschaftlern zu vergleichen. Explizite Reflexion kann an folgenden Fragen erfolgen, die metakognitives Denken fördern: Warum wissen wir ...? Wie können wir uns sicher sein, dass ...? In welchem Verhältnis stehen Daten und Theorie? Warum interpretieren wir die Daten so und nicht so? Was motiviert die Forscher dazu, dieses zu erforschen? Solche Frage stellen Gesprächsanlässe dar, um an konkreten Fällen entwickelte Einsichten im Hinblick auf Einsichten über Naturwissenschaften zu abstrahieren und zu generalisieren.

Unterrichtskonzepte zum Lernen über die Natur der Naturwissenschaften (s. a. Höttecke und Schecker, 2021):

- Forschender Unterricht zeichnet sich durch offene, komplexe Problemstellungen aus, an deren Lösung die Lernenden „wie Forschende" arbeiten. „Forschertagebücher" können dabei als Reflexionsanlässe auf NOS dienen.
- Mit historischen Fallstudien wird gezeigt, dass und wie sich Wissenschaft entwickelt und warum Forschende Wissen für gültig halten. Sozio-kulturelle und ökonomische Einflüsse werden an Beispielen thematisiert. Nachbauten historischer Instrumente schaffen Lerngelegenheiten, die an die originalen Forschungssituationen eng angelehnt sind.
- Wissenschaftstheoretischer Unterricht dient dazu, die eigenen Arbeitsweisen kritisch zu reflektieren. Diskussionen begrenzter wissenschaftstheoretischer Literatur regen dazu an, die eigenen Erfahrungen zu reflektieren und zu abstrahieren.
- Gestaltwechselspiele und Sinnestäuschungen geben Anlass dazu, die Bedingungen und Grenzen der eigenen Beobachtungen zu thematisieren. Explizite Reflexion generalisiert auf die Frage nach der Natur der Beobachtung in der Physik.
- Black-Box-Experimente stellen Analogien zu Forschungsprozessen dar. Beispiele sind Kästen mit verborgenen Spiegeln oder Prismen, die nur eine Lichteintritts- und austrittsöffnung erkennen lassen. Die Lernenden experimentieren und sammeln Evidenz für oder gegen Vermutungen über das Innenleben einer Black-Box.
- Story-Telling (Heering & Ellrodt, 2020) schafft einen Zugang zur historischen Entwicklung der Physik und macht wissenschaftliche Konflikte und Emotionen von Forschenden erfahrbar. Die Forschenden werden als Menschen mit Zielen und Erfolgen, aber auch Frustrationen und Rückschlägen wahrnehmbar und Physik erscheint als von Menschen gemacht. Die Geschichten regen Reflexionen über Nature of Science an.

Literaturhinweise zur Vertiefung

Chalmers, A. F. (2001). Wege der Wissenschaft. Einführung in die Wissenschaftstheorie. Springer. *Wesentliche wissenschaftstheoretische Positionen werden in ihren Grundlagen dargestellt.*

Höttecke, D. (2017a). Was ist Naturwissenschaft? In U. Gebhard, D. Höttecke & M. Rehm (Hrsg.), Pädagogik der Naturwissenschaften (S. 7–31). Springer VS. *Klärungsversuch aus philosophischer, historischer und wissenschaftssoziologischer Perspektive*

Höttecke, D. & Schecker, H. (2021). Unterrichtskonzeptionen für Nature of Science. In T. Wilhelm, H. Schecker & M. Hopf (Hrsg.), Unterrichtskonzeptionen für den Physikunterricht. Springer-Spektrum. *Es wird in das Thema Nature of Science aus einer didaktischen Perspektive und mit Schwerpunkt auf methodische Zugänge eingeführt.*

McComas, W.F. (Hrsg.). (2020). Nature of Science in Science Instruction. Rationales and Strategies. Springer. *Eine umfassende theoretische Diskussion der Bedeutung des Bereichs Nature of Science für den Unterricht. Darin: McComas, W.F. (2020). Principal Elements of Nature of Science: Informing Science Teaching while Dispelling the Myths. S. 35–65.*

2. Bildungsziele

Wie im ersten Kapitel dieses Buches ausgeführt, wird Physik mittlerweile mehr als eine kulturelle Tätigkeit und weniger als ein Kanon erarbeiteten Wissens beschrieben. Dies erfordert auch für den Physikunterricht einen Perspektivenwechsel. Es ist nicht mehr seine alleinige Aufgabe, physikalisches Fachwissen zu vermitteln; die Lernenden sollen ebenso ein Verständnis davon entwickeln, wie in der Physik Erkenntnisse gewonnen werden und was die zentralen Elemente physikalischen Denkens und Forschens sind. International wird das mit dem Begriff *Scientific Literacy* bezeichnet. Darunter versteht man ein Gefüge aus Kompetenzen, die es Individuen ermöglichen, an einer wissenschafts- und technikbestimmten Welt aktiv teilhaben und sie gestalten zu können. Die Vermittlung einer Scientific Literacy erfüllt den allgemeinbildenden Anspruch schulischen Unterrichts und geht deutlich über einen Begründungszusammenhang für Physikunterricht hinaus, der sich an der Vermittlung ausbildungs- oder berufsrelevanter Qualifikationen orientiert.

Grundbildung und vertiefte Bildung

Ein wesentlicher Aspekt physikalischer Bildung drückt sich in der Fähigkeit aus, physikalische Sachkompetenz für die Bewertung und das Treffen von persönlichen und gesellschaftlichen Entscheidungen zu nutzen (vgl. MNU, 2001). Muckenfuß (1995) spricht vom Orientierungswissen zur Klärung des Verhältnisses von Mensch und Natur. Zeitgemäßer Physikunterricht muss daher zugleich ein Unterricht von und über Physik sein. Die Lernenden sollen ihr Verständnis physikalischer Konzepte und Herangehensweisen zur besseren Bewältigung konkreter Anforderungssituationen im Alltag heranziehen (z. B. zur Einschätzung von Sicherheitsmaßnahmen wie dem Tragen eines Fahrradhelms) und in Diskussionen über gesellschaftlich anstehende Entscheidungen einbringen können (z. B. über angemessene Formen der zukünftigen Bereitstellung von Energie). Die damit verbundenen Kompetenzen sollen als Grundbildung bis zum Ende des obligatorischen Physikunterrichts, d. h. dem Abschluss der Sekundarstufe 1, erworben werden.

In der gymnasialen Oberstufe soll (neben Wissenschaftspropädeutik und Studierfähigkeit) vertiefte allgemeine Bildung im Vordergrund stehen. Für den Physikunterricht bedeutet das gegenüber der naturwissenschaftlichen Grundbildung:

- qualitative Erhöhung des Reflexionsgrades durch vertiefte methodische Fähigkeiten und ein in ausgewählten Bereichen breiteres und tieferes fachliches Wissen;
- fachliche Spezialisierung mit Klarheit über die Besonderheiten der physikalischen Weltsicht.

Vertiefte allgemeine Bildung durch fachliche Spezialisierung ist kein Widerspruch in sich, wenn fachliches Lernen eng mit dem Lernen *über* das Fach verbunden wird. Als Orientierungsrahmen für eine vertiefte physikalische Bildung im Rahmen der fachlichen Spezialisierung im Physikunterricht der Oberstufe nennen Schecker, Fischer und Wiesner (2004, 163 ff.) vier Bereiche:

- Physik als *Grundlage des modernen naturwissenschaftlichen Weltbilds* (dazu zählen Konzepte wie Zeit, Raum, Teil-

chen, Feld, Wahrscheinlichkeit oder Messprozess).
- Physik und Technik als *prägende Faktoren gesellschaftlich-kultureller Entwicklungen*: Einflüsse der Physik und der ihr nahestehenden Technik auf die Entwicklung der durch technische Prozesse und Produkte geprägten Kultur.
- Physik als *methodisch besonders ausgezeichnete Naturwissenschaft*: Wechselspiel von Theorie und Experiment im Erkenntnisprozess; mathematische Modellierungen und Prognosen.
- Physik als *Studien- und Berufsfeld*: Einblicke in den Charakter und Anforderungsbereiche eines Studiums der Physik; Erfahrungen in experimentellen und theoretischen Verfahren, die als anschlussfähiges Verfügungswissen einen Einstieg in ein Studium oder eine Berufsausbildung erleichtern.

In Erweiterung zum zweiten Spiegelstrich lässt sich die gesellschaftliche Prägung der Physik anführen, also der Einfluss religiöser, philosophischer oder politischer Traditionen und Rahmenbedingungen auf die spezifischen Ansätze der physikalischen Naturbeschreibung. Physik hat also nicht nur eine Auswirkung auf die kulturelle Entwicklung, sondern diese wirkt auch auf die Physik (und das Verständnis der Physik) zurück.

Stufung von Scientific Literacy

Bybee (2002) beschreibt Scientific Literacy in vier Ausprägungen ansteigender Qualität: nominal, funktional, konzeptuell-prozedural sowie multidimensional. Bei einer rein nominalen Scientific Literacy können Lernende zwar Begrifflichkeiten und Fragestellungen dem Bereich der Naturwissenschaften zuordnen, verbinden damit aber fehlerhafte oder unvollständige konzeptuelle Vorstellungen. Lernende mit einer funktionalen Scientific Literacy verwenden und definieren naturwissenschaftliche Begriffe korrekt, haben diese aber nur auswendig gelernt. Die dritte Stufe der konzeptuellen und prozeduralen Scientific Literacy korrespondiert mit dem Kern der Ziele des Physikunterrichts. Hier erwerben die Lernenden ein Verständnis von naturwissenschaftlichen Konzepten, Prinzipien und Prozessen. Eine multidimensionale Scientific Literacy schließlich setzt ein Verständnis der Besonderheiten der Naturwissenschaften voraus und kann diese sowohl an Inhalten und Methoden aus den verschiedenen Fächern wie auch an historischen und sozialen Beispielen verdeutlichen.

Als Grundlage für die PISA-Studien (→ Kap. 17) hat die OECD (2006, 12) die Elemente von Scientific Literacy folgendermaßen beschrieben:
- „*naturwissenschaftliche Kenntnisse und Nutzung dieser Kenntnisse*, um Fragestellungen zu erkennen, sich neues Wissen anzueignen, naturwissenschaftliche Phänomene zu erklären und aus Belegen Schlussfolgerungen über naturwissenschaftliche Sachverhalte zu ziehen;
- *Verständnis* der charakteristischen Eigenschaften der Naturwissenschaften als eine Form menschlichen Wissens und Forschens;
- *Bewusstsein*, wie Naturwissenschaften und Technik unsere materielle, intellektuelle und kulturelle Umwelt formen, sowie

- *Bereitschaft,* sich mit naturwissenschaftlichen Sachverhalten und Ideen als mündiger Bürger auseinanderzusetzen."
(Übersetzung d. Verf.)

Scientific Literacy wird international im Sinne einer fachübergreifend zu erwerbenden naturwissenschaftlichen Grundbildung verstanden. Es gibt jedoch in der Physik Arbeitsweisen, die dieses Fach in besonderer Weise für die Vermittlung eines grundlegenden Verständnisses der Naturwissenschaft auszeichnen. Das gilt speziell für das Wechselspiel zwischen theoretischer Vorhersage, experimenteller Untersuchung (oder Simulation) und mathematischer Beschreibung. Auch die Inhalte des naturwissenschaftlichen Unterrichts sind nicht beliebig austauschbar. Ein fachliches Verständnis bestimmter gesellschaftlich relevanter Sachverhalte wie Treibhauseffekt oder Energiegewinnung kann sich z. B. nur durch Physikunterricht entwickeln.

Begründungen für Physikunterricht

Begründungszusammenhänge für den Physikunterricht können nach Jung (1999, 38 ff.) in vier Bereichen entwickelt werden: ökonomische und politische Bedarfsargumente sowie anthropologische und kulturelle Bedürfnisargumente (**Abb. 2.1**). *Gesellschaftliche Bedarfsargumente* werden aus einem gesellschaftspolitischen Interesse heraus formuliert. So wird in politischen Statements häufig davon gesprochen, dass in einem hochindustrialisierten, aber rohstoffarmen Land wie der Bundesrepublik Deutschland Bildung (und hiermit ist besonders naturwissenschaftlich-technische Bildung gemeint) die zentrale Ressource darstelle. Um darauf aus ökonomischer Sicht in ausreichendem Umfang zurückgreifen zu können, müssen möglichst viele Lernende entsprechende Kompetenzen entwickeln. Die Schule soll darüber hinaus eine positive Grundhaltung und Interesse gegenüber den Naturwissenschaften fördern bzw. erhalten. In der bildungspolitischen Diskussion wird darauf verwiesen, dass für eine aktive Beteiligung an vielen politischen Entscheidungsprozessen die Fähigkeit zur Beurteilung naturwissenschaftlicher Aussagen erforderlich ist. Scientific Literacy wird so als Teil politischer Mündigkeit verstanden und gehört damit zur demokratisch notwendigen Bildung in einer hochtechnisierten Gesellschaft wie der Bundesrepublik Deutschland.
Bedürfnisargumente beziehen sich dagegen auf die individuelle Situation der Lernenden. Im Verständnis von Physik als kultureller Tätigkeit führt naturwissenschaftliche Grundbildung zu einer nicht nur gesellschaftlich, sondern auch individuell wünschenswerten kulturellen Einbettung der Lernenden. Ihnen wird damit die Möglichkeit eröffnet, durch die Beschäftigung mit Physik persönliche Interessen und Fähigkeiten zu entwickeln und im Freizeitbereich oder in Arbeitsgemeinschaften zu vertiefen. Darüber hinaus trägt naturwissenschaftliche Bildung zur Entwicklung begründeter persönlicher Positionen zu technisch-naturwissenschaftlichen Fragestellungen bei. Ein entsprechend gestalteter Physikunterricht versetzt die Lernenden in die Lage, rationale Entscheidungen zu treffen sowie

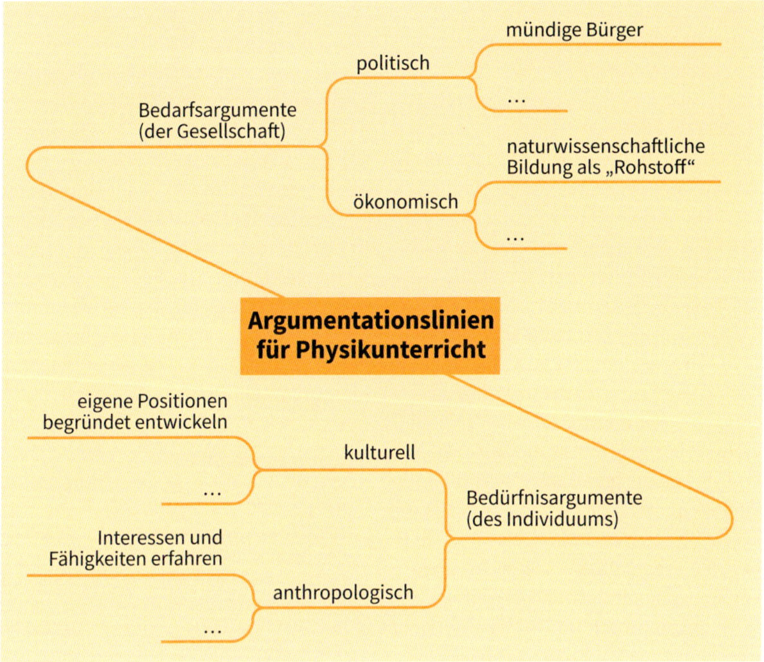

Abb. 2.1: Argumente für den Physikunterricht (vgl. Jung, 1999, 38 ff.)

pseudowissenschaftliche Erklärungen und Argumente zu erkennen.

In den von Jung beschriebenen Bedürfnisargumenten kommt ein Verständnis naturwissenschaftlicher Bildung zum Ausdruck, das im Konzept der Scientific Literacy weniger deutlich wird: Bildung als Persönlichkeitsentwicklung, mit der Eröffnung der Option, im physikalischen Modus der Welterschließung einen wesentlichen Teil der eigenen Identität – d. h. des Selbst- und Weltverständnisses –, herauszubilden, auch als späteres Studien- und Berufsfeld. Dies entspricht der deutschen Tradition allgemeiner Bildung (Reflexivität). Das angelsächsische Konzept der Scientific Literacy zeigt ein eher auf gesellschaftliche und persönliche Nützlichkeit ausgerichtetes Verständnis naturwissenschaftlicher Bildung (Kompetenzen). Gleichzeitig überlappen die beiden Bildungskonzeptionen, z. B. im Bereich des Meta-Wissens über den Aspektcharakter der naturwissenschaftlichen Weltsicht.

Fazit

Physikalische Bildung entwickelt sich durch die Verbindung der fachlichen Analyse physikalischer Sachverhalte mit der Reflexion des besonderen Charakters physikalischer Erkenntnisse und Erkenntniswege. Die Ergebnisse von Schulleistungsstudien (→ **Kap. 17**) zeigen allerdings, dass der Physikunterricht eine physikalische Grundbildung, die gemäß des Scientific Literacy-Konzepts einem Niveau konzeptuellen und prozeduralen Verständnisses entspricht, bei den Schülerinnen und Schülern kaum erreicht. Stattdessen findet man nominale oder funktionale Fähigkeiten, d. h. die meisten Lernenden können lediglich physikalische Wissenselemente wiedergeben und formal anwenden. Nur sehr wenige entwickeln ein multidimensionales Verständnis und können Erkenntnisgegenstände und -methoden der Naturwissenschaften anderen Formen der Welterschließung vergleichend gegenüberstellen. Es stellt sich die Frage, ob der in den Präambeln von Lehrplänen formulierte umfassende Bildungsanspruch im Physikunterricht überhaupt realistisch erreichbar ist.

Um seinen Bildungsanspruch tatsächlich einzulösen, muss sich der Physikunterricht daher konzeptionell und methodisch weiterentwickeln. Dazu gehört eine Stärkung des Orientierungswissens. Nach wie vor wird im Physikunterricht der Erwerb von Fakten, Gesetzen und Formalismen (Verfügungswissen) betont. Für eine Entwicklung umfassender physikalischer Bildung müssen Lernende jedoch bei geeigneten Unterrichtsthemen aktiv „Physik betreiben", d. h., eigenständig Fragestellungen und/oder Lösungen entwickeln, statt vorgegebene Bearbeitungsschritte nachzuvollziehen (→ **Kap. 14**, → **Kap. 10**, forschend-entdeckender Unterricht). Dafür sind Sachthemen geeignet, zu denen die Schülerinnen und Schüler das notwendig Verfügungswissen mitbringen – also themenbezogene Kenntnisse und Fähigkeiten (Begriffe, Gesetze, Deduktionen, Gerätekunde, experimentelle Verfahren). Der Rückblick auf die eigene Vorgehensweise ist dann Anlass, um im Unterricht auf einer Metaebene über die Merkmale physikalischer Erkenntnisgewinnung zu sprechen. Ziel ist die Förderung von Beurteilungs- und Bewertungskompetenzen, vor allem aber eine bewusste Auseinandersetzung mit den Methoden der physikalischen Erkenntnisgewinnung.

Literatur zur Vertiefung

Gräber, W., Nentwig, P., Koballa, Th. & Evans, R. (Hrsg.). (2002). Scientific Literacy. Der Beitrag der Naturwissenschaften zur Allgemeinen Bildung. Leske & Budrich.
Der Sammelband beleuchtet das Thema aus den Perspektiven der Naturwissenschaftsdidaktik und der Pädagogik; darin insbesondere: R.W. Bybee „Scientific Literacy — Mythos oder Realität" und W. Gräber u. P. Nentwig „Scientific Literacy – Naturwissenschaftliche Grundbildung in der Diskussion".

Jung, W. (1999). Begründung und Zielsetzung. In: W. Bleichroth, H. Dahncke, W. Jung, W. Kuhn, G. Merzyn. & K. Weltner (Hrsg.), Fachdidaktik Physik, (S. 17–63). Aulis.
Grundlegende Auseinandersetzung mit den Gegenstandsbereichen und Zielen des Physikunterrichts sowie seiner Legitimation und Begründung.

Fischler, H., Gebhard, U. & Rehm, M. (2018). Naturwissenschaftliche Bildung und Scientific Literacy. In D. Krüger, I. Parchmann & H. Schecker (Hrsg.), Theorien in der naturwissenschaftsdidaktischen Forschung (S. 11–29). Springer.
Theoretisch vertiefte Auseinandersetzung mit den Unterschieden und Gemeinsamkeiten zwischen den Begriffen „(naturwissenschaftliche) Bildung" und „(Scientific) Literacy".

3. Bildungsstandards

Im Jahr 2004 legte die Ständige Konferenz der Kultusminister der 16 Länder der Bundesrepublik Deutschland (KMK) erstmals gemeinsame Standards für den Mittleren Schulabschluss (Jahrgangsstufe 10) im Fach Physik fest. Seit 2020 liegen auch Standards für die Allgemeine Hochschulreife vor (KMK, 2020). Die Standards für den Mittleren Schulabschluss wurden 2024 grundlegend überarbeitet (KMK, 2024) und kompatibel zu den Abiturstandards gemacht.

In den Bildungsstandards geht es um die zu erwerbenden Kompetenzen: Was sollen die Schülerinnen und Schüler am Ende der Sekundarstufe I bzw. zur Abiturprüfung können? Standards konkretisieren die Ziele naturwissenschaftlicher Bildung (→ **Kap. 2**) im Sinne überprüfbarer Fähigkeiten. Im Zusammenspiel mit Lehrplänen, die nach wie vor bundeslandspezifisch entwickelt werden, geben sie Impulse für die Arbeit im Unterricht. In länderübergreifenden Vergleichsuntersuchungen (→ **Kap. 17**) wird erhoben, in welchem Maße es dem Bildungssystem gelingt, die vorgegebenen Ziele zu erreichen. Von der Kultusministerkonferenz wurde dafür 2004 mit dem Institut zur Qualitätssicherung im Bildungswesen (IQB) eine eigene wissenschaftliche Einrichtung gegründet. In Österreich war mit leichtem zeitlichem Versatz die gleiche Entwicklung zu verzeichnen (Kompetenzorientierung, Standardentwicklung, Gründung eines Zentralinstituts für das Bildungsmonitoring).

Anstoß für die Entwicklung von bundesländergemeinsamen Bildungsstandards waren die Ergebnisse der internationalen Vergleichsstudien TIMSS und PISA (→ **Kap. 17**). Neben den mäßigen Mittelwerten fiel die sehr große Streuung in den Leistungen der Schülerinnen und Schüler über Schularten und Bundesländer hinweg auf. Die Gestaltungsmerkmale für die Standards beruhen auf Empfehlungen eines Expertengutachtens (Klieme et al., 2003). Sie lauten: Festlegung von Bildungszielen des Faches, Beschreibung von Kompetenzerwartungen mit Teildimensionen und Niveaustufen sowie Konkretisierung der Kompetenzerwartungen durch prototypische Aufgabenstellungen. In einem wichtigen Punkt sind die Kultusministerien dem Gutachten nicht gefolgt: Statt sich – wie dringend empfohlen – auf Mindeststandards zu konzentrieren, ließen sie *Regelstandards* entwickeln.

Input- vs. Output-Orientierung

Lehrpläne widmeten sich bis Anfang der 2000er Jahre im Schwerpunkt der Fragestellung, welche Themen im Unterricht zu behandeln und welche Phänomene, Begriffe, Gesetze und Verfahren dabei zu erarbeiten sind. Diese Sicht nennt man *Input-Orientierung*. Mit der Festlegung von Unterrichtsinhalten wird allerdings noch nicht deutlich, welche Fähigkeiten Schülerinnen und Schüler daran entwickeln sollen. Der alternative Ansatz für die Steuerung von Bildungsprozessen heißt *Output-Orientierung*. Hier wird vorgegeben, welche Kompetenzen die Lernenden am Ende bestimmter Bildungsabschnitte erworben haben sollen. Für den Weg dorthin werden breite unterrichtliche Gestaltungsspielräume gegeben. Die angestrebten Kompetenzen werden themenübergreifend formuliert. Ein Beispiel lautet: „Die Lernenden interpretieren Messergebnisse unter Berücksichtigung von Messunsicherheiten und

beschreiben Möglichkeiten zur Verbesserung des Messprozesses“. Während dem Input-Ansatz eine Fixierung auf Inhalte vorgehalten wurde, steht der Output-Ansatz in der Kritik, dass er die Bedeutung der Unterrichtsinhalte für den Kompetenzerwerb unterbewerte. Anders als bei den ursprünglichen Physik-Standards von 2004 enthalten die 2020 und 2024 veröffentlichen Standards daher einige Vorgaben für verbindliche Unterrichtsthemen. Die KMK hat den Bildungsstandards jedoch kein länderübergreifend gültiges Curriculum an die Seite gestellt.
Es liegt in der Verantwortung der Lehrkräfte und Fachkollegien, geeignete Inhalte, Aufgaben und Unterrichtsverfahren zu wählen, mit denen die Kompetenzen vermittelt werden sollen. Dafür ist ein schuleigener Arbeitsplan zu entwickeln, der die besonderen Rahmenbedingungen der jeweiligen Schule berücksichtigt. Auf Länderebene bleiben die jeweiligen Lehrpläne (auch Kerncurricula, Bildungspläne oder Rahmenpläne genannt) verbindliche Grundlage für Vereinbarungen in der Einzelschule. Im Lehrplan finden sich obligatorische Inhalte und ein grober Themenverteilungsplan. Außerdem werden die Kompetenzen nach (Doppel-) Jahrgangsstufen aufgeschlüsselt.

Kompetenzen

Die Bildungsstandards für den mittleren Bildungsabschluss und die Allgemeine Hochschulreife beschreiben die Erwartungen an die Ergebnisse des Physikunterrichts in Form von Abschlusskompetenzen. Unter Kompetenzen versteht die Wissenspsychologie Fähigkeiten und Fertigkeiten zur Lösung von Problemen in bestimmten inhaltlichen Handlungsbereichen. Streng genommen gehören zu einer Kompetenz nicht nur die kognitiven Voraussetzungen (Fachwissen, Erfahrungen, Routinen, kognitive Grundfähigkeiten), um ein Problem

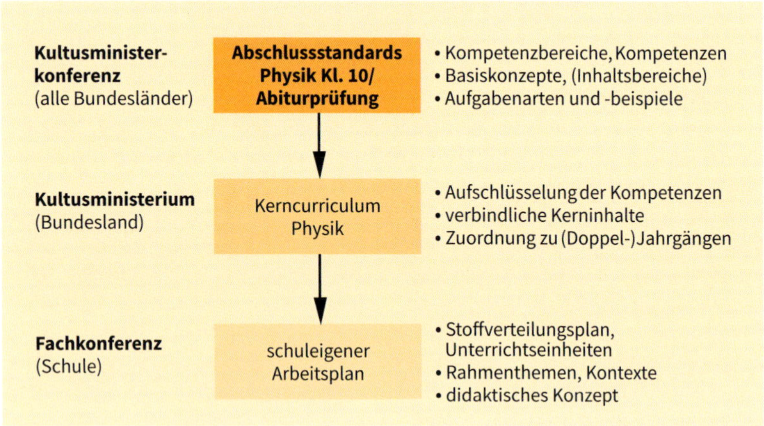

Abb. 3.1: Ebenen von Curricula

lösen zu können, sondern ebenso die Bereitschaft und der Wille, diese Fähigkeiten und Fertigkeiten tatsächlich einzusetzen (volitionale Orientierung). Bildungsstandards beschränken sich in der Regel auf die kognitiven Aspekte einer Kompetenz. Zu den naturwissenschaftlichen Kompetenzen zählt beispielsweise die Fähigkeit, eine geeignete Versuchsanordnung zu entwerfen und aufzubauen. Physikbezogene (der allgemeine Fachbegriff heißt „domänenspezifische“) Kompetenzen sind das Ergebnis langfristiger Lernprozesse mit der intensiven Auseinandersetzung mit physikalischen Sachverhalten. Diese Sichtweise von Kompetenz grenzt sich deutlich vom Konzept themen- und fachunabhängiger „Schlüsselqualifikationen“ ab, die meist nach Sach-, Methoden-, Selbst- und Sozialkompetenz eingeteilt werden. Solche übergreifenden Schlüsselqualifikationen dienten in den 1990er Jahren zur Strukturierung von Lehrplänen. Forschungsergebnisse zeigen jedoch, dass Kompetenzerwerb stets in konkreten inhaltlichen Handlungsfeldern (Domänen) erfolgt.

Kompetenzen sollen bei der Bearbeitung von Aufgabenstellungen deutlich werden und so auch messbar sein. Man spricht von „Operationalisierbarkeit“, d. h. Umsetzbarkeit in konkrete Anforderungen in Lern- und Testsituationen. Wichtige Bildungsziele, wie z. B. ein verantwortungsvoller Umgang mit den begrenzten Ressourcen in unserer Umwelt, lassen sich in Testaufgaben aber kaum operationalisieren. An der Operationalisierbarkeit wird daher auch Kritik geübt. Ein Vorwurf lautet, sie reduziere Bildung auf das Messbare und fördere das sinnentleerte Training von Testaufgaben („teaching to the test“). Im Gegenzug wird argumentiert, es mache wenig Sinn, hehre Bildungsziele zu formulieren, deren Erreichen man nicht großflächig und standardisiert überprüfen könne.

Standards für den Mittleren Schulabschluss

Die Standards für Schülerinnen und Schüler am Ende der 10. Jahrgangsstufe beginnen mit einer Präambel über den Beitrag der Naturwissenschaften und des Faches Physik zur Allgemeinen Bildung. Danach werden die Kompetenzbereiche eingeführt: Sachkompetenz, Erkenntnisgewinnungskompetenz, Kommunikationskompetenz und Bewertungskompetenz. *Sachkompetenz* bezieht sich auf das Verständnis und die Fähigkeit zur Anwendung physikalischer Begriffe, Modelle und Gesetze sowie experimenteller und mathematischer Verfahren. Zum Bereich *Erkenntnisgewinnung* gehört die Planung, Durchführung und Auswertung physikalischer Untersuchungen von der Entwicklung einer Fragestellung bis zur Reflexion der Ergebnisse. *Kommunikationskompetenz* zeigt sich in der Informationserschließung und insbesondere in der adressatengemäßen Darstellung physikalischer Zusammenhänge, z. B. durch die Nutzung geeigneter fachtypischer Visualisierungen. Die kriteriengeleitete Einschätzung physikalischer Aussagen hinsichtlich ihrer Vertrauenswürdigkeit (Sachurteil) und ihre Einordung in gesellschaftliche oder technische Zusammenhänge (Werturteil) charakterisiert den *Kompetenzbereich Bewertung*.

Als Orientierungspunkte für themenübergreifende Verknüpfungen bei der Beschreibung physikalischer Sachverhalte werden vier fachliche *Basiskonzepte* benannt, die im Unterricht wiederkehrend aufgegriffen werden sollen. Zwei beziehen sich auf konzeptuelles physikalisches Denken (Erhaltung & Gleichgewicht, Ursache & Wirkung), zwei weitere auf methodische Aspekte der Physik (Modelle & Vorhersagen, Experimente & Verfahren). Vier Listen mit insgesamt 34 Aussagen weisen die Fähigkeiten und Fertigkeiten aus, über die Schülerinnen und Schüler mit Mittlerem Bildungsabschluss im Regelfall verfügen sollen. Ein Beispiel zu Kommunikation lautet: „Die Lernenden differenzieren zwischen alltagssprachlicher und fachsprachlicher Beschreibung von Phänomenen". Um die in Aufgaben gestellten Anforderungen zu charakterisieren, werden drei Aufgabenarten unterschieden. Kurz gefasst handelt es sich um das Wiedergeben und Anwenden von Kenntnissen und Verfahren in bekannten und geübten Kontexten (Anforderungsbereich I); das Auswählen, Verarbeiten und Anwenden in begrenzt neuen Zusammenhängen (Anforderungsbereich II) sowie das eigenständige Übertragen, Anpassen und Reflektieren von Kenntnissen und Verfahren in neuen komplexen Zusammenhängen (Anforderungsbereich III). Die Reihung von I bis III ist dabei nicht als Kennzeichnung des Schwierigkeitsgrades entsprechender Aufgaben oder als Kompetenzstufung zu verstehen. Die strukturierte Wiedergabe eines umfangreichen Wissensbestands kann herausfordernder sein als eine nahe Transferaufgabe in einem einfachen Sachverhalt.

Standards für die Allgemeine Hochschulreife (Abiturprüfung)

Die Standards für die Allgemeine Hochschulreife (KMK, 2020) sind analog zu den Sekundarstufe I-Standards strukturiert: Präambel zum Bildungsbeitrag, Kompetenzmodell mit den gleichen vier Kompetenzbereichen, vier Basiskonzepte und drei Anforderungsbereiche. Unter *Sachkompetenz* führen auch die Abiturstandards sowohl Kenntnisse und Fähigkeiten zur Anwendung von physikalischen Modellen und Theorien als auch von experimentellen und mathematischen Verfahren an. Der Kompetenzbereich *Erkenntnisgewinnung* bezieht sich auf grundlegende Denk- und Arbeitsweisen der Naturwissenschaften (z. B. Messunsicherheiten berücksichtigen). *Bewertung* umfasst Sachurteile und Werturteile in Kontexten, bei denen physikalisches Wissen in eine multiperspektivisch, d. h. nicht rein innerfachliche, Optionsklärung und Entscheidungsfindung einfließt. Auch das Verständnis von Kommunikationskompetenz (Informationen erschließen, Sachverhalte adressengemäß aufbereiten) entspricht den Standards für den Mittleren Schulabschluss.

Auf der Website des IQB werden Aufgaben zur Veranschaulichung der Standards präsentiert, mit Musterlösungen und Erwartungshorizonten. Bei den Teilaufgaben wird jeweils angegeben, welche Kompetenzbereiche und Anforderungsbereiche angesprochen sind. Hierin wird die Bedeutung von Aufgaben für die Konkretisierung unterrichtlicher Zielsetzungen deutlich (→ **Kap. 12**). Die Abiturstandards enthalten Richtlinien für die Gestaltung von Aufgaben für die schriftliche und mündliche Prüfung und deren Bewertung.

Als verbindliche Inhaltsbereiche sind Felder, Schwingungen & Wellen sowie Quantenphysik & Materie ausgewiesen –

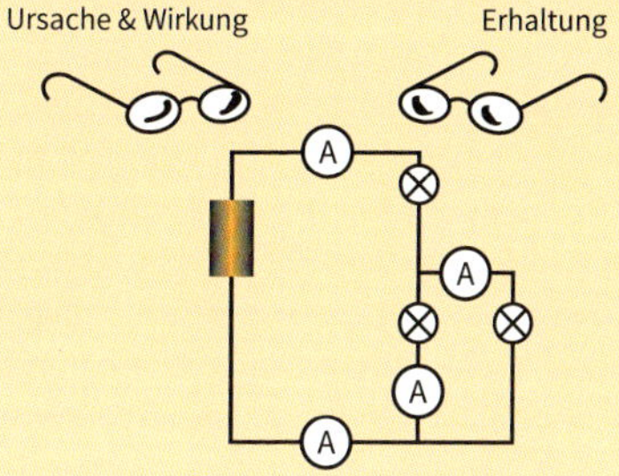

Der elektrische Stromkreis kann unter den Basiskonzepten „Ursache & Wirkung" (lokale Änderungen, z.B. eines Widerstands, haben globale Auswirkungen) oder „Erhaltung (& Gleichgewicht)" analysiert werden (Unterscheidung zwischen Ladungsträgerstrom und Energiefluss). Damit wird der Stromkreis zu einem Beispiel für Systembetrachtungen in der Physik oder er wird als eine von vielen Möglichkeiten des Energietransports konzeptualisiert.

Abb. 3.2: Basiskonzepte als physikalische Brillen

jeweils mit konkreten Inhalten (z. B. Modell des eindimensionalen Potenzialtopfs). Die Vorgaben unterscheiden sich für Kurse auf grundlegendem und erhöhtem Anforderungsniveau. Diese Konkretisierungen sind notwendig, weil die Standards Grundlage eines zentralen Aufgabenpools für die Abiturprüfung sind, der für länderübergreifend durchgeführte Abiturprüfungen zur Verfügung steht. Ein Kerncurriculum ergibt sich daraus jedoch nicht. Für die Lehrpläne der Bundesländer bleiben Gestaltungsspielräume erhalten, besonders für Kurse auf grundlegendem Anforderungsniveau. Man darf aber die implizite normierende Wirkung der Aufgaben aus dem Pool für ein Zentralabitur auf die Unterrichtsinhalte nicht unterschätzen.

Eines der vier Basiskonzepte aus der Sekundarstufe I wird in den Abitur-Standards fortgeführt: Erhaltung & Gleichgewicht (z. B. Energieerhaltung). Ein weiteres ist im Hinblick auf die besondere Bedeutung mathematischer Modelle im Physikunterricht der Sekundarstufe II stärker formalisiert und heißt nun „Mathematisieren & Vorhersagen" (statt „Modelle & Vorhersagen"). Dazu kommen zwei abstraktere Konzepte: Superposition & Komponenten sowie Zufall & Determiniertheit (mit Anklängen an „Ursache & Wirkung").

Standards für den Mittleren Schulabschluss bzw. die Hochschulreife werden in folgenden Formen gesetzt:

- als *Kompetenzstandards* durch die Benennung von Kompetenzbereichen und deren themenübergreifende Beschreibung,
- als *Inhaltsstandards* durch die Vorgabe von obligatorischen Inhaltsbereichen mit und Inhalten sowie von Basiskonzepten,

- als *Anforderungsstandards* durch die Unterscheidung zwischen drei Arten von Aufgabenstellungen,
- als *Aufgabenstandards* durch illustrierende Aufgabenbeispiele.

Basiskonzepte

Die Wahl der Basiskonzepte in den KMK-Standards ist nicht zwingend. Aus fachsystematischer Sicht gibt es unterschiedliche Möglichkeiten, die Physik nach Grundkonzepten zu ordnen. So ist das Lehrwerk „Six Ideas that Shaped Physics" (Moore, 1998) gegliedert nach Erhaltung, Universalität physikalischer Gesetze, Unabhängigkeit vom Bezugssystem, Teilchen-Wellen-Dualismus, elektrische und magnetische Felder, Irreversibilität. Andere Ansätze stellen durchgehend das Energiekonzept ins Zentrum. Auch aus der physikdidaktischen Lehr-Lernforschung lässt sich keine Auswahl besonders lernwirksamer Fachkonzepte ableiten. Basiskonzepte, wie immer sie auch zusammengestellt sind, können als Leitideen genutzt werden, um einen gegebenen Sachverhalt unter übergreifenden fachlichen Gesichtspunkten zu beschreiben: Man betrachtet ihn durch besondere physikalische „Brillen". Abbildung 3.2 zeigt als Beispiel die Analyse eines elektrischen Stromkreises unter den Aspekten „Ursache & Wirkung" oder „(Energie-)Erhaltung". Damit kann kumulatives Lernen, also die Vernetzung physikalischer Sachverhalte (Phänomene, Begriffe), gefördert werden.

Kompetenzmodell

Die deutschen Bildungsstandards verwenden für die Beschreibung der erwarteten Ergebnisse physikalischer Bildungsprozesse die Kategorien Kompetenzbereiche, (verbindliche) Inhalte, Anforderungsbereiche und Basiskonzepte. Man bezeichnet ein solches mehrdimensionales Schema als Kompetenzmodell. Es lässt sich unter Ausklammerung der Basiskonzepte als dreidimensionales Koordinatensystem mit den Achsen Kompetenzbereich, Inhaltsbereich und Anforderungsbereich darstellen (Abb. 3.3). Mit diesem Schema können Aufgabenstellungen durch Angabe ihrer drei Koordinaten charakterisiert werden. Für die Aufgabenkonstruktion hat die Kategorie Anforderungsbereich besondere Bedeutung. So geben die Abiturstandards einen Aufgabenmix vor, dessen Schwerpunkt im Anforderungsbereich II liegt, d. h. bei der Anwendung von Fähigkeiten in bekannten oder vergleichbaren neuen Sachzusammenhängen.

Die amerikanischen *Next Generation Science Standards* (NGSS Network, 2013) beschreiben naturwissenschaftliche Kompetenz (*proficiency*) nach drei Dimensionen als Verständnis von *disciplinary core ideas*, d. h. der zentralen Ideen in einzelnen oder auch mehreren Disziplinen (z. B. „Struktur und Eigenschaften von Materie"), von *crosscutting concepts* als grundlegenden Kategorien naturwissenschaftlichen Denkens (z. B. „Ursache und Wirkung") und als Fähigkeit zum naturwissenschaftlichen Handeln (*practices*, z. B. Daten analysieren und interpretieren).

Die Struktur des österreichischen Kompetenzmodells ist den deutschen Standards sehr ähnlich, verzichtet jedoch auf die Vorgabe von Basiskonzepten. Die Kompetenzbereichsachse ist nach drei Handlungskategorien strukturiert: Fachwissen anwenden,

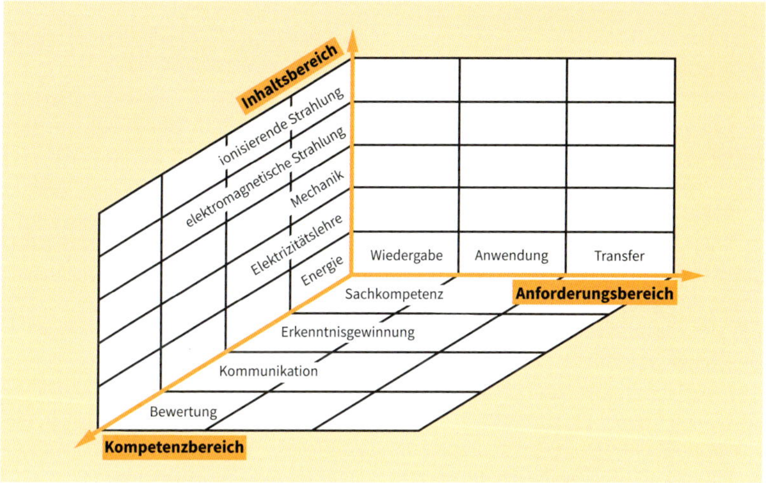

Abb. 3.3: Kompetenzmodell der Standards für den Mittleren Bildungsabschluss. Die Abiturstandards und die österreichischen Standards sind analog strukturiert (vgl. →Tab. 16.1). In den deutschen Standards kommen als vierte Dimension die Basiskonzepte hinzu.

Erkenntnisgewinnung und Experimentieren sowie Standpunkte begründen und aus naturwissenschaftlicher Sicht bewerten. Bei den Modellen der Bildungsstandards handelt es sich um normativ gesetzte Raster. Durch fachdidaktische Forschung wird empirisch überprüft, inwieweit solche Modelle geeignet sind, die bei Lernenden tatsächlich vorliegenden Kompetenzen zu beschreiben. Auf Grundlage von Normierungsstudien für den Test zur Überprüfung des Erreichens der Sek. I-Standards (Kauertz, Fischer & Jansen, 2018; → **Kap. 17**) wird das Kompetenzspektrum nach *fünf* Stufen aufgeschlüsselt, von der Anwendung vorgegebener Lösungsmuster in einfachen lebensweltlichen Zusammenhängen bis zur selbstständigen Anwendung theoretischer physikalischer Konzepte.

Neben einem Modell für die Struktur physikalischer Kompetenz braucht man auch ein Modell für deren Entwicklung. Die deutschen Standards sind reine Abschlussbeschreibungen. Das englische *National Curriculum* (Department for Education, 2013) hingegen schlüsselt naturwissenschaftliche Kompetenz in vier Stufen vom Beginn der Primarstufe bis zum Ende der Sekundarstufe I inhaltlich genauer auf. Noch differenzierter gehen die amerikanischen *Next Generation Science Standards* vom Kindergarten bis zur Highschool vor.

Arbeit in den Fachkollegien

Bildungsstandards sollen der Schul- und Unterrichtsentwicklung dienen. Ihren Wert sieht die Kultusministerkonferenz (KMK, 2004a, 11f.) darin, dass:

- Lehrkräfte eine Orientierung für die Analyse, Planung und Überprüfung ihrer Unterrichtsarbeit in Kernbereichen eines Faches erhalten;
- die Entwicklung einer anforderungsbezogenen Aufgabenkultur gefördert wird und
- die Kooperation in Fachkonferenzen angeregt wird (gemeinsame Planung und Auswertung, fachdidaktische und methodische Diskussionen).

Für die Erschließung der Bildungsstandards und als Einstieg in die Arbeit an einem schuleigenen Arbeitsplan empfiehlt sich für die Fachkonferenzen eine kritische Überprüfung der Aufgabenkultur an der eigenen Schule. Anhand typischer Klassenarbeiten und Klausuren können folgende Fragen besprochen werden:

- Wie sind die Aufgaben gekennzeichnet, die wir üblicherweise einsetzen? Wie kompatibel ist unsere Aufgaben-Praxis mit den Bildungsstandards? In welche Richtung wollen bzw. müssen wir unsere Aufgabenkultur entwickeln?
- Welche Beispielaufgaben zu den Bildungsstandards können unsere Schülerinnen und Schüler lösen und wo liegen Defizite (Art der Aufgabenstellung, Inhalte)?

Glossar

Bildungsstandards: länderübergreifende Festlegung der zu vermittelnden Kompetenzen.
Kompetenzen: Kenntnisse, Fähigkeiten und Fertigkeiten für die Lösung konkreter Probleme in einem inhaltsbezogenen Handlungsfeld.
Kompetenzmodell: Darstellungsschema für Kompetenzerwartungen.
Kompetenzbereiche: Abgrenzung und themenübergreifende Beschreibung großer Handlungsbereiche, in denen Schülerinnen und Schüler Kompetenzen erwerben sollen.
Basiskonzepte: zentrale physikalische Leitideen, unter denen man Sachverhalte analysieren kann.
Anforderungsbereiche: grundlegende Arten von Aufgabenstellungen.
Regelstandards: Kompetenzen, die Schülerinnen und Schüler am Ende eines Bildungsabschnittes (z. B. am Ende von Klasse 10) erreichen sollen.
Mindeststandards: Kompetenzen, die alle Schülerinnen und Schüler schulformunabhängig auf jeden Fall erreichen müssen.
Kerncurriculum: verbindliche Inhaltsbereiche und Inhalte; Zuordnung von Inhalten und Kompetenzen zu (Doppel-) Jahrgängen.
Schuleigener Arbeitsplan: Vereinbarung der Fachkonferenz über die Gestaltung des Physikunterrichts.

Literaturhinweis zur Vertiefung

Schecker, H. & Wiesner, H. (2013). Die Bildungsstandards Physik. Eine Zwischenbilanz nach neun Jahren. *Praxis der Naturwissenschaften – Physik in der Schule (Themenheft), 62(5)*, 11–17.

Aufbau und Intentionen der Sekundarstufe I-Standards in ihrer Ursprungsfassung werden kritisch beleuchtet.

4. Lernen aus konstruktivistischer Sicht

Die Antwort auf die Frage, wie wir neues Wissen erwerben, ist für die Gestaltung des Physikunterrichts von höchster Bedeutung. Sie liefert uns entscheidende Hinweise darauf, wie ein erfolgreicher Unterricht durchzuführen ist, und sie erklärt, weshalb Schülerinnen und Schüler bisher erhebliche Schwierigkeiten haben, die im Unterricht angebotene Physik zu verstehen.

Über unsere Sinneskanäle nehmen wir Sinnesdaten auf, z. B. Schriftzeichen, Tafelbilder, Gestalten, experimentelle Anordnungen, Laute. Diese Sinneseindrücke sind zunächst nichts weiter als bloße *Daten*, die noch keine *Bedeutung* für den Empfänger haben. Bedeutung können diese Sinnesdaten nur mit Hilfe der bei den Empfängern bereits vorhandenen Denk- und Wissensstrukturen erhalten, die im Langzeitgedächtnis gespeichert sind: „Der Zuhörer muss dem, was er hört, und dem, was er sieht, einen Sinn geben. Und das ist nur möglich, indem er Verbindungen mit schon Bekanntem herstellt, also konstruiert. ... In einem gewissen Sinn wird die Information vom Aufnehmenden konstruiert, indem er schon gespeicherte Vorstellungen aktiviert, in die er die Eingabe einordnet." (Jung, 1986).

Lehrkräfte können deshalb Informationen nicht direkt an Schülerinnen und Schüler weitergeben. Sie können lediglich geeignete Daten anbieten, die Lernende sich aufgrund ihres Vorwissens erschließen und so zu Informationen machen, die für Lernprozesse wirksam werden. Dennoch handeln Lehrkräfte oft unbewusst nach dem Nürnberger-Trichter-Modell des Lehrens und Lernens. Sie handeln so, als könne man Wissen direkt in die Köpfe der Lernenden transportieren, als komme es i. W. darauf an, dass die Lehrkraft die richtige Darstellung wählt und die Schülerinnen und Schüler gut aufpassen. Gutes Erklären und die sorgfältige Gestaltung von Lernumgebungen bleiben natürlich wichtige Aufgaben der Lehrkräfte. Dies gilt aber nur insofern, als dass diese Lernumgebungen von den Lernenden genutzt werden, sodass ihre Lehr-Lernprozesse erfolgreich verlaufen.

Schülervorstellungen

Von dem Lernpsychologen David Ausubel stammt der viel zitierte Satz „Der wichtigste Einflussfaktor für das Lernen ist das, was der Lerner bereits weiß. Finden Sie das heraus und unterrichten Sie ihn entsprechend." Aus der fachdidaktischen Forschung seit den 1970er Jahren wissen wir inzwischen viel über das Vorwissen von Kindern und Jugendlichen. Die Vorstellungen, mit denen die Schülerinnen und Schüler in den Physikunterricht kommen, sind aus vielen Alltagserfahrungen (einschließlich Fernsehsendungen, Bücher ...), aber auch aus vorherigem Unterricht heraus entstanden und haben sich in zahlreichen Situationen bewährt. Diese Schülervorstellungen stimmen häufig mit den zu lernenden physikalischen Vorstellungen nicht überein; oft stehen sie im deutlichen Widerspruch dazu (→ **Kap. 5**). Da sie aber wie beschrieben die Basis für die Konstruktion von Bedeutung darstellen, entsteht bei den Schülerinnen und Schülern oftmals eine ganz andere Bedeutung als von den Lehrenden beabsichtigt.

Betrachten wir ein Beispiel: Wird Kindern ohne Erfahrungen im Aufbau von elektrischen Stromkreisen die Aufgabe gestellt, mit vorgegebenen Materialien (Batterie, Lämpchen, Drähte) das Lämpchen zum Leuchten zu bringen, dann verbinden sie in der Regel Lämpchen und Batterie mit *einem* Draht. Das ist aus zwei Gründen nicht verwunderlich. Zum einen sind alle Geräte im Haushalt scheinbar mit nur *einem* Kabel versehen und sie funktionieren wie gewünscht. Weiterhin ist es fast immer so: Wenn ein Vorgang in einem Gerät aufrechterhalten werden soll, wie das Leuchten des Lämpchens, muss etwas zugeführt werden, das im Gerät verbraucht wird. Für die Zuführung wird typischerweise nur eine Zuleitung benötigt. Folgerichtig erklären die Schülerinnen und Schüler ihren Misserfolg mit nur einer Drahtverbindung damit, dass die Materialien nicht in Ordnung sind (der Draht oder die Batterielasche sind „verstopft", die Batterie ist verbraucht; das Lämpchen kaputt, o. Ä.). Finden sie heraus, dass man zwei Drähte benötigt, um das Lämpchen zum Leuchten zu bringen, dann erklären sie diesen Fakt in der Regel nicht mit einer Stromkreisvorstellung, sondern damit, dass durch einen Draht zu wenig Elektrizität zum Lämpchen kommt, erst bei zwei Drähten reicht es zum Leuchten. Sie entwickeln die so genannte Zweizuführungsvorstellung oder „Current-clash-Vorstellung" (**Abb. 4.1**): Aus den beiden Batterieanschlüssen kommt die gleiche Elektrizitätssorte heraus, fließt durch die beiden Drähte zum Lämpchen und bringt es zum Leuchten.

Abb. 4.1: Zweizuführungsvorstellung von einem Stromkreis mit Batterie und Lämpchen

Ohne Kenntnis der Stromkreisvorstellung und der Regeln für den einfachen Stromkreis ist dies die plausibelste Vorstellung, die man sich auf der Basis alltäglicher Erfahrungen machen kann. Die Stromkreisvorstellung wird als unglaubwürdig abgelehnt. Dieses Beispiel zeigt deutlich, dass es nicht so einfach sein wird, die Stromkreisvorstellung einschließlich des Teilaspekts $I = konst.$ zu vermitteln und in diesem Zusammenhang die Zweizuführungsvorstellung im Physikunterricht zu widerlegen.

Vorstellungen über physikalische Erkenntnisgewinnung

Zu den Bildungszielen des Physikunterrichts gehört nicht nur das Lernen *von* Physik (physikalische Fakten und Theorien), sondern auch das Lernen *über* Physik. Dazu gehören Einsichten in die Art, wie in der Physik Erkenntnisse gewonnen werden, etwa über die Rolle des Experiments oder die Veränderbarkeit und Weiterentwicklung physikalischer Theorien. Viele Lernende unterschätzen z. B. die Bedeutung theoretischer Vorannahmen und meinen, dass physikalisches Wissen direkt aus Experimenten abgeleitet wird. Sie gehen davon aus, dass man stets objektiv und eindeutig entscheiden kann, ob eine physikalische Aussage richtig oder sogar „wahr" ist. Der Physikunterricht verstärkt solche empiristischen Vorstellungen sogar (Köller, Baumert & Neubrand, 2000). Manche Schülerinnen und Schüler sind unzufrieden, wenn im Physikunterricht mit Modellen gearbeitet wird. Sie wollen wissen, „wie es in Wirklichkeit ist", oder sie betrachten die Modelle als „Wirklichkeit". Schülervorstellungen über die Natur der Naturwissenschaften (→ **Kap. 1**) erlangen in der Physikdidaktik eine zunehmende Beachtung. Es gibt empirische Hinweise darauf, dass solche Vorstellungen das Lernen, also die Verarbeitung der unterrichtlichen Angebote, beeinflussen (Kelly, McDonald & Wickman, 2011).

Verarbeitung von Sinnesdaten

Aus aktuellen Vorstellungen in der Lernpsychologie über die „Architektur" des kognitiven Apparates, wie sie insbesondere im Zusammenhang mit multimedialem Lernen (→ **Kap. 15**) entwickelt wurden, ergeben sich weitere Gesichtspunkte für das Verständnis der Lernschwierigkeiten und der Bedeutung der Schülervorstellungen. Als die beiden wesentlichen Sinneskanäle, über die Informationen in unser kognitives System gelangen, werden der sprachliche und der visuelle Kanal unterschieden (**Abb. 4.2**). Im Arbeitsgedächtnis werden diese Sinnesdaten mit Hilfe aktivierter kognitiver Strukturen aus dem Langzeitgedächtnis verarbeitet. Durch die Verknüpfung mit diesen Strukturen erhalten die Sinnesdaten erst eine Bedeutung. Wird z. B. ein Amperemeter als solches erkannt, dann kann die Veränderung seines Ausschlages mit der Veränderung der Stromstärke in Beziehung gesetzt werden. Ohne passende Inhalte im Langzeitgedächtnis würde nur ein schwarzer Quader, ein Draht hinter einer Glasscheibe, der seine Position verändert u. Ä., wahrgenommen werden.

Es wird angenommen, dass das Arbeitsgedächtnis etwa sieben Elemente, die neu für das Individuum sind, gleichzeitig verarbeiten kann. Bezüglich der Elemente aus dem Langzeitgedächtnis gibt es keine relevanten Grenzen. Stehen im Langzeitgedächtnis geeignete Strukturen zur Verfügung, mit denen die neuen Daten zu größeren Elementen zusammengefasst werden („Chunking"), dann können umfangreichere Datenmengen gleichzeitig verarbeitet werden und umfassendere, konsistente Strukturen können entstehen. Diese neuen Strukturen können mit denen im Langzeitgedächtnis verknüpft (integriert) und gespeichert werden. Können keine passenden Strukturen aus dem Langzeitgedächtnis aktiviert werden, um die angebotenen Informationen verarbeiten zu können, bleibt der Lernerfolg aus.

Kommunikation im Unterricht

Die Bedeutung der Schülervorstellungen für den Physikunterricht liegt nicht nur darin, dass sie bei der Planung und Durchführung des Unterrichts berücksichtigt werden müssen. Ihre Kenntnis ist auch unerlässlich für eine erfolgreiche Kommunikation zwischen Lehrenden und Lernenden. Schließlich muss auch die Lehrkraft den Schüleräußerungen

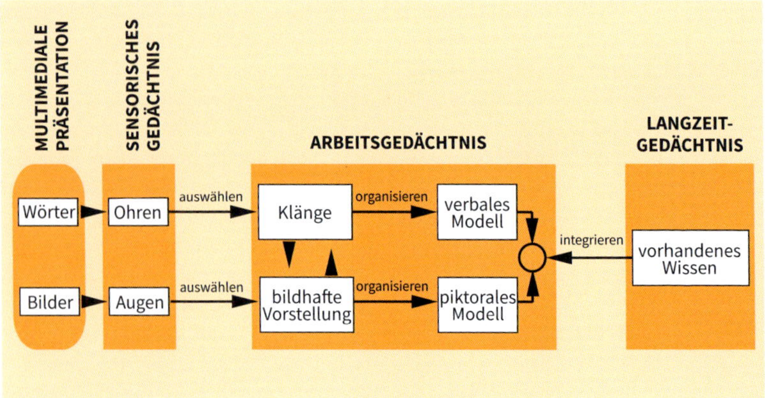

Abb. 4.2: Aufbau des kognitiven Systems (nach Mayer, 2001)

eine Bedeutung zuordnen und dies kann nur dann zutreffend erfolgen, wenn die Lehrkraft die hinter den Schüleraussagen steckenden möglichen Schülervorstellungen erkennt. Man muss sich bewusst sein, dass Lernende auf Grundlage anderer Vorerfahrungen und anderen Vorwissens zu anderen Schlussfolgerungen kommen und Sachverhalte auch anders wahrnehmen als die Lehrkraft. Das kann sogar dazu führen, dass Lernende bei einem Experiment andere Beobachtungen machen oder auf andere Feststellungen Wert legen. Wenn die Lehrkraft ein Fadenpendel zeigt, um den mechanischen Energieerhaltungssatz zu veranschaulichen („Das Pendel schwingt stets wieder auf die gleiche Höhe"), legen Schülerinnen und Schüler Wert auf die Feststellung, dass das Pendel „ein ganz klein wenig" an Höhe verliert. Während die Lehrkraft den Vorgang unter einer idealisierten theoretischen Perspektive sieht, gehen die Lernenden von der Alltagserfahrung aus, dass jede Bewegung ohne Antrieb zum Stillstand kommt.

Schülerinnen und Schüler lernen in bestimmten Lerngruppen (Klassen, Kursen). Die Lernumgebung, in der sich neues Wissen entwickelt, ist nicht nur physikalisch geprägt, sondern auch sozial. Die Sichtweisen der anderen und die Fähigkeit der Lerngruppe insgesamt, einen Perspektivwechsel hin zum physikalischen Verständnis zu vollziehen, beeinflusst auch die Denkweisen des Einzelnen. Man nennt das auch „sozialen Konstruktivismus" bzw. „situiertes Lernen". Bedeutungen physikalischer Begriffe wie „Kraft" oder „Wärme" müssen unbeschadet ihrer in Lehrbüchern gegebenen Definitionen in gewissen Grenzen in der Lerngruppe zwischen Lehrkraft und Schülerinnen und Schülern „ausgehandelt" werden.

Fazit

Vieles, was aus der physikalischen Sicht schlicht falsch erscheint, hat im Denken der Schülerinnen und Schüler durchaus eine Logik und beruht auf ernsthaften Anstrengungen der Lernenden um physikalisches Verständnis. Die Kommunikation im Unterricht und die Chancen auf einen produktiven Lehr-Lern-Dialog werden verbessert, wenn Lehrkräfte sich in die Denkweisen von Lernenden hineinversetzen. Oder, um es mit dem Pädagogen und Physikdidaktiker Martin Wagenschein zu sagen: „Man muss den Schüler dort abholen, wo er steht."

Literatur zur Vertiefung

Häußler, P., Bünder, W., Duit, R., Gräber, W. & Mayer, J. (1998). Naturwissenschaftliche Forschung. Perspektiven für die Unterrichtspraxis. IPN
Kapitel 6 des Buchs ist eine gut lesbare Darstellung mit nützlichen Hinweisen für die Berücksichtigung im Unterricht.

National Research Council. (2000a). How People Learn: Brain, Mind, Experience, and School: Expanded Edition. The National Academies Press. https://doi.org/10.17226/9853
In diesem online verfügbaren Buch werden die Grundlagen des Lernens umfangreich und an verschiedenen Beispielen erläutert.

5. Schülervorstellungen

Schülervorstellungen zu physikalischen Begriffen und Phänomenen sind für die Planung und Durchführung von Physikunterricht von großer Bedeutung (→ **Kap. 4**). Dieses Kapitel gibt einen Einblick in die theoretischen Grundlagen der Schülervorstellungsforschung und stellt Ergebnisse zu ausgewählten physikalischen Themengebieten vor.

Einige gut belegte Grundannahmen der Schülervorstellungsforschung lauten:

- Lernende bringen ein Inventar von Vorstellungen und Denkweisen zu physikalischen Begriffen und Phänomenen mit, die sich aus Alltagserfahrungen gebildet und im umgangssprachlichen Gebrauch bewährt haben.
- Solche Vorstellungen widersprechen häufig den entsprechenden physikalischen Konzepten.
- Sie erscheinen aus Sicht von Lehrkräften oftmals in sich widersprüchlich und haben trotzdem eine gewisse innere Logik.
- Die Vorstellungen sind bei den Lernenden individuell geformt und lassen sich dennoch nach typischen Mustern beschreiben.
- Sie sind teilweise recht stabil gegen Physikunterricht und müssen daher bei der Unterrichtsplanung besonders berücksichtigt werden.
- Sie entstehen manchmal auch erst spontan beim Versuch, eine Erklärung für ein physikalisches Phänomen abzugeben.
- Alltagsbasierte Vorstellungen bilden zusammen mit den im Unterricht entwickelten Vorstellungen das Vorwissen, mit dem Lernende sich neue Unterrichtsinhalte erschließen.

Für die vorunterrichtlichen Wissens- und Denkstrukturen der Schülerinnen und Schüler gibt es eine Vielzahl von Bezeichnungen, die im Kern weitgehend als synonym angesehen werden können: Schülervorstellungen, Alltagsvorstellungen, Fehlvorstellungen, Präkonzepte, *misconceptions* ... In diesem Kapitel wird vorwiegend die neutrale Bezeichnung Schülervorstellungen verwendet. Steht der lernhindernde Aspekt der Schülervorstellungen im Vordergrund, wird von Lernschwierigkeiten gesprochen.

Allgemeine und spezifische Schülervorstellungen

Schülervorstellungen lassen sich nach verschiedenen Gesichtspunkten ordnen. Eine Möglichkeit ist die Unterscheidung zwischen übergreifenden und spezifisch inhaltsbezogenen Vorstellungen. Zu den allgemeinen Vorstellungen gehört die Verbrauchsvorstellung: Ein Vorgang, z. B. das Brennen einer Kerze und die damit beabsichtigte Beleuchtung, kann nur aufrechterhalten werden, wenn „irgendetwas“ dabei verbraucht wird, hier das Kerzenwachs. Lernende verallgemeinern dieses Prinzip und meinen folgerichtig, dass in einem Elektrogerät elektrischer „Strom“ verbraucht wird. Weitere im Alltag bewährte Denkschemata wie das Geben-Nehmen-Schema oder das Ursache-Wirkungs-Schema werden in physikalischen Zusammenhängen oft unzutreffend verwendet: Eine Batterie gibt Elektrizität, zwei Glühlampen in einer Reihenschaltung nehmen sich jeweils gleich viel Elektrizität. Eine (Rück-)Wirkung erfolgt zeitlich verzögert auf eine Einwirkung (wenn System A auf System

B eine Kraft ausübt, dann übt etwas später System B auf System A eine Kraft aus). Weiterhin sind unzutreffende Kategorisierungen unter den allgemeinen übergreifenden Schülervorstellungen einzuordnen. Licht wird häufig als ein Zustand (Helligkeit) eingeordnet und nicht als Prozess (Licht als etwas ständig Strömendes). Die Kraft wird oft als Eigenschaft angesehen und nicht als Relation (Körper A wirkt ein auf Körper B).
Ein Beispiel für eine spezifische Vorstellung ist die Reflexion und Streuung von Licht: Spiegel werfen Licht zurück, gewöhnliche Oberflächen wie Wände oder Bekleidungen tun dies nicht. Allgemeine, bereichsübergreifende Vorstellungen sind schwerer zu verändern als spezifische Vorstellungen, da sie sich für die Schülerinnen und Schüler in einem breiten Anwendungsfeld bewährt haben.

Sach-, lehr- und lernerbedingte Lernschwierigkeiten

Ein sehr einfaches Bild von schulischem Lernen sieht so aus: Die Lerngegenstände sind gegeben; die Lernenden setzen sich damit auseinander; die Lehrkräfte gestalten als Mittler geeignete Zugänge zum Lerngegenstand. In einem solchen Bild können Lernschwierigkeiten als sach-, lehr- und innenbedingt (lernerbedingt) eingeteilt werden, wobei es selbstverständlich Überschneidungen gibt (Jung, Reul & Schwedes, 1977, S. 57ff.).

Sachbedingte Lernschwierigkeiten

Das Verständnis der elektrischen Spannung oder der Entropie trifft auf sachbedingte Lernschwierigkeiten. Dies gilt auch für andere komplexe und abstrakte physikalische Konzepte wie Kraft oder Feld. Gedankliche Konstruktionen wie das Konzept der Beschleunigung als Grenzfall der Geschwindigkeitsänderung pro Zeiteinheit zählen ebenso zu den Verursachern sachbedingter Lernschwierigkeiten. Viele Lernende können sich nicht vorstellen, dass ein Körper zu einem Zeitpunkt eine Beschleunigung erfährt. Die Einführung einer Batterie als „Stromquelle" bewirkt hingegen eine lehrbedingte Lernschwierigkeit. Sie fördert die Schülervorstellung, dass in einer Batterie Strom gespeichert

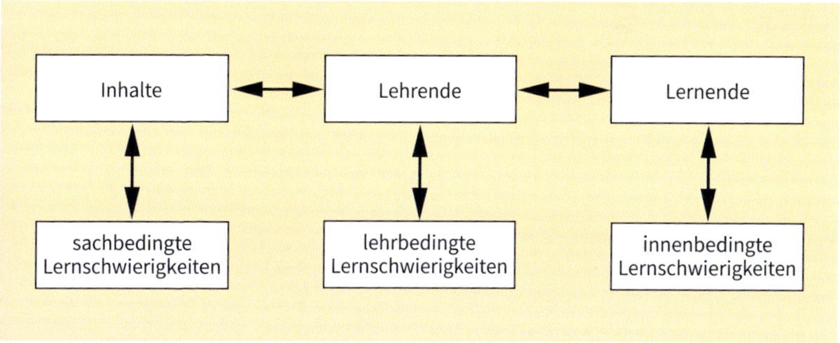

Abb. 5.1: An schulischem Lernen orientierte Einteilung von Lernschwierigkeiten

ist. Die Vorstellung von Stromverbrauch, die in der kognitiven Struktur der Lernenden bereits vor dem Unterricht angelegt ist, verursacht lernerbedingte Lernschwierigkeiten.

Lehrbedingte Lernschwierigkeiten

Lehrbedingte Lernschwierigkeiten entstehen durch unangemessene fachliche Darstellungen oder mangelnde fachdidaktische Überlegungen. Was aus Sicht des Physikexperten unproblematische Vereinfachungen oder Selbstverständlichkeiten sind, führt bei Lernenden dazu, dass latent vorhandene Lernschwierigkeiten verstärkt und Schülervorstellungen verfestigt werden. **Abbildung 5.2** zeigt eine Darstellung der Hangabtriebskraft, wie sie häufig in Schul- und Lehrbüchern zu finden ist. Die einzige auf den Gegenstand einwirkende Kraft ist demnach die Gewichtskraft, deren Komponente parallel zur schiefen Ebene die Hangabtriebskraft sein soll.

Aus Sicht der Newton'schen Bewegungsgleichung $\vec{F}_{\text{resultierend}} = m \cdot \vec{a}$ kann dies aber nicht richtig sein: Der Gegenstand müsste, nachdem man ihn auf die schiefe Ebene gelegt hat, in Richtung von $\vec{F}_G$ eine beschleunigte Bewegung ausführen, was aber nicht der Fall ist. Das Weglassen der von der schiefen Ebene auf den Gegenstand ausgeübten Normalkraft in dem Bemühen, die Betrachtung zu elementarisieren (→ **Kap. 9**), führt zu einem zumindest irreführenden Lehrangebot. Wenn die Normalkraft nicht explizit berücksichtigt wird, bleiben viele Schülerinnen und Schüler zudem bei der Vorstellung, dass nur „aktive" Körper (Lebewesen, gespannte Federn, Magnete etc.) „richtige" Kräfte ausüben können; passive Körper, wie die schiefe Ebene, jedoch nicht. Weitere Quellen lehrbedingter Lernschwierigkeiten sind:

- *Mangelhaftes Betonen von Schlüsselideen oder -phänomenen*
  In der Mechanik wird die grundlegende Vorstellung, dass eine Krafteinwirkung mit einer Geschwindigkeitsänderung verknüpft ist, nicht hervorgehoben und der zur Anfangsbewegung senkrechte Kraftstoß nicht als Musterbeispiel zur Verdeutlichung dieses Zusammenhanges verwendet. Die Schülerinnen und Schüler bleiben bei der Vorstellung, dass sich Beschleunigung i. W. im Schnellerwerden eines Körpers ausdrückt. In der elementaren Optik wird die Sender-Strahlungs-Empfänger-Vorstellung nicht als roter Faden benutzt, um das Prinzip „Licht muss vom Gegenstand ins Auge fallen" für den Sehvorgang zu verankern. In der Wärmelehre wird das Prinzip des Temperaturangleichs nicht herausgestellt.
- *Ungeeignete Auswahl von Ankerbegriffen oder Analogien*
  Mit der Bezeichnung „Stromquelle" für eine Batterie wird nahegelegt, dass die Batterie unabhängig von den angeschlossenen Geräten die gleiche Stromstärke liefert. Sie entscheidet allein aufgrund ihrer Stärke, wie viel „Strom" sie abgibt. Bei einer „Quelle" fließt zudem nichts zurück. „Muskelkraft" legt nahe, dass die Kraft eine Eigenschaft eines Körpers ist und nicht eine Wechselwirkungsgröße. Beide Fehlvorstellungen finden sich recht häufig bei den Schülerinnen und Schülern.

- *Langfristig blockierende Sequenzierung*
  Beginnt man den Mechanikunterricht mit der Statik und damit mit dem statischen Kraftbegriff, werden eine Reihe von Lernschwierigkeiten erzeugt bzw. verstärkt, die sich negativ beim Lernen der Dynamik auswirken. (In → **Kap. 6** wird ein alternatives Unterrichtskonzept vorgestellt.) Die Sequenz Arbeit → Energie erschwert das Lernen des Energiekonzepts.
- *Fachliche Fehler und missverständliche Vereinfachungen*
  Die in **Abb. 5.2** bereits beschriebene „Herleitung" der Hangabtriebskraft ist hierfür ein Beispiel. Eine physikalisch konsistente Einführung begründet die Hangabtriebskraft dagegen als resultierende Kraft aus den beiden auf den Körper einwirkenden Kräften Gewichtskraft und Normalkraft der schiefen Ebene auf den Körper. Ähnlich problematisch ist die Darstellung in vielen Lehrbüchern zur Entstehung der Oberflächenspannung bei Flüssigkeiten, der zufolge auf die Teilchen in der Oberfläche eine nach unten gerichtete resultierende Kraft wirkt. Dann müssten gemäß der Newton'schen Bewegungsgleichung die Teilchen in der Flüssigkeitsoberfläche senkrecht nach unten beschleunigt werden.
- *Beschränkung auf idealisierte Fälle*
  Die Beschränkung auf reibungsfreie Fälle oder die Idealisierung ausgedehnter Körper (wie z.B. ein um eine Kurve fahrendes Motorrad) als einen einzigen Massenpunkt kann zu falschen Vorstellungen oder zu der Auffassung führen, Newton'sche Mechanik sei nur für exotische Sonderfälle anwendbar und für alltägliche Vorgänge nicht passend.
  In der elementaren Elektrizitätslehre werden in der Regel die Spannungen über die Leiterstücke weggelassen, ohne dass dies hinreichend oft begründet wird. Damit wird implizit vermittelt, dass für einen Strom durch den Leiter über diesen keine Spannung anliegen muss.

Lernerbedingte Lernschwierigkeiten
Dieser Typ von Lernschwierigkeiten beruht auf den in → **Kapitel 4** beschriebenen Problemen, die bei der Aufnahme und der Verarbeitung neuer Information auftreten können. Die bei den Lernenden

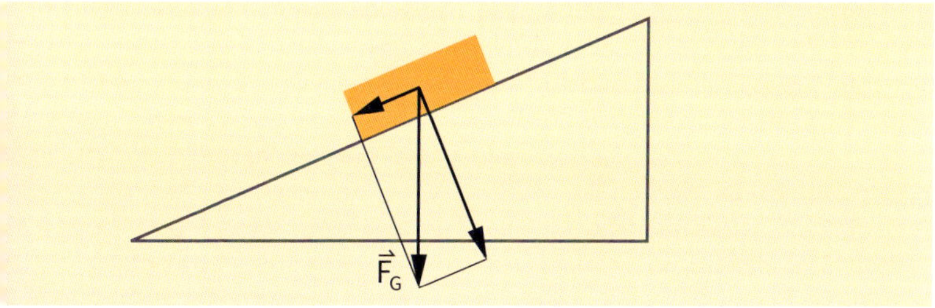

Abb. 5.2: Irreführende Darstellung zur Hangabtriebskraft

bereits vorhandenen Denk- und Wissensstrukturen greifen danach in einem hohen Maß aktiv in die Aufnahme und Verarbeitung neuer Informationen ein. Die neuen Informationen werden mit Hilfe der bereits vorhandenen Denk- und Wissensstrukturen bewertet, interpretiert und verarbeitet. Dabei können Teile hinzugefügt, weggelassen oder anders als von der Lehrkraft beabsichtigt eingeordnet werden.

Kontextabhängigkeit der aktivierten Schülervorstellungen

Für eine erfolgreiche Begriffsentwicklung (→ **Kap. 6**) ist von Bedeutung, dass ein und dieselbe Person in Abhängigkeit vom jeweiligen Kontext verschiedene Vorstellungen aktivieren kann. Dazu gehört auch ein Wechsel zwischen wissenschaftlichen und Alltagsvorstellungen, die parallel oder in einer Mischform (Hybridvorstellung) vorliegen können. Werden bei der Einführung des einfachen Stromkreises Lämpchen verwendet, wird bei jüngeren Schülerinnen und Schülern häufig die Vorstellung aktiviert, dass aus beiden Batterielaschen die gleiche elektrische Substanz herausfließt (Zweizuführungsvorstellung; → **Kap. 4**). Damit erhält das Lämpchen genug „Strom" zum Leuchten. Baut man stattdessen gleich am Anfang einen Elektromotor ein, dessen Drehsinn sich beim Umpolen ändert, wird die Zweizuführungsvorstellung seltener aktiviert, da der beobachtete Wechsel des Drehsinns evident der symmetrischen Zweizuführungsvorstellung widerspricht. Mit einer Batterie als Spannungsquelle ist häufig die Vorstellung verknüpft, dass sie mit „Strom gefüllt" ist und beim Betrieb entleert wird. Verwendet man am Anfang Solarzellen als Spannungsquelle, wird die „Ausfließvorstellung" nicht aktiviert, sondern es werden Vorstellungen im Sinne von Energieumwandlungen unterstützt.

Im Folgenden wird eine Reihe von Schülervorstellungen beschrieben, die in aller Regel mit lernerbedingten Lernschwierigkeiten verknüpft sind. Für eine vertiefte Behandlung und ein breites Themenspektrum steht ein Lehrbuch über Schülervorstellung und Physikunterricht zur Verfügung (Schecker, Wilhelm, Hopf & Duit, 2018). Lehrkräfte sollten für ihren Unterricht Situationen suchen, in denen für eine gewünschte Begriffsentwicklung geeignete Vorstellungen aktiviert werden.

Schülervorstellungen zur Optik

Zentraler Inhalt der elementaren Optik in der Sekundarstufe I ist die Erklärung, wie Bilder (Spiegelbild, Abbildungen durch Linsen und optische Geräte) entstehen und mit unseren Augen wahrgenommen werden können. Die Vermittlung einer angemessenen Vorstellung vom Sehen von Gegenständen und Bildern ist unabdingbare Voraussetzung für einen erfolgreichen Unterricht über Optik. Aber besonders hierbei gibt es große Lernschwierigkeiten

Vorstellungen zum Sehen von Gegenständen

- Licht macht hell und dadurch werden Gegenstände sichtbar (dominante Alltagsvorstellung).
- Die Streuung von Licht an Oberflächen (außer am Spiegel) wird deutlich als unglaubwürdig abgelehnt.
- Licht muss für die Wahrnehmung nicht ins Auge fallen: Die Scheinwer

fer eines entfernten Autos sind sichtbar, aber von ihnen gelangt kein Licht ins Beobachterauge.

Ausbreitung von Licht

Licht wird nach den Vorstellungen vieler Schülerinnen und Schüler nicht als etwas angesehen, das ständig in Bewegung ist. Wird z. B. eine Taschenlampe eingeschaltet, strömt Licht aus der Taschenlampe heraus bis zur Wand. Damit hat sich eine „Lichtstange" gebildet und zwischen Taschenlampe und Wand befindet sich Licht im Sinne einer ruhenden Helligkeit. Licht wird in diesem Sinne als Zustand und nicht als Vorgang eingeordnet.

Vorstellungen zum Spiegelbild

- Spiegel werfen Licht im Sinne von Helligkeit zurück (die Helligkeit bleibt nicht auf dem Spiegel liegen, im Gegensatz zu „normalen" Gegenständen).
- Beim Spiegelbild sind – bezogen auf den vor ihm befindlichen Gegenstand – linke und rechte Seite vertauscht, aber nicht oben und unten und nicht vorne und hinten.
- Das Spiegelbild liegt auf dem Spiegel. Es kann nicht hinter dem Spiegel sein, weil man durch den Spiegel nicht hindurchsehen kann (schon gar nicht, wenn er an der Wand hängt). Der Spiegel fungiert als materieller Träger für das Spiegelbild, denn im Alltagsverständnis haben alle Bilder einen Träger (Leinwand, Bildschirm, Fotopapier, ...).
- Das Spiegelbild ist nur scheinbar hinter dem Spiegel, bezüglich des Bildortes liegt eine optische Täuschung vor. Die Formulierung „Das Spiegelbild sieht man hinter dem Spiegel" wird sehr viel eher akzeptiert als die Aussage „Das Spiegelbild ist hinter dem Spiegel".
- Der Spiegel zeigt dem Betrachter, wie er (der Spiegel) die vor ihm befindlichen Objekte „sieht".

Abbildung durch eine Sammellinse

- Sehr häufig findet man – auch nach Optikunterricht – eine „holistische" Auffassung vom Abbildungsvorgang: das Bild wandert als Ganzes von der Leuchtfigur zur Linse (**Abb. 5.3**) bzw. Lochblende und von dort zum Schirm. Diejenigen Lernenden, die sich beim reellen Bild einer Sammellinse daran erinnern, dass das Bild seiten- und höhenverkehrt ist, stellen sich häufig vor, dass das Bild in der Linse umgedreht wird und als Ganzes die Linse verlässt. Die Linsenmitte hat eine besonders ausgezeichnete Bedeutung für den Abbildungsvorgang. Ist sie zerkratzt oder abgedeckt, gibt es nach Schülermeinung kein Bild oder es fehlt der mittlere Teil.

Schülervorstellungen zu Farben

Zwei für die Unterrichtsdurchführung besonders wichtige Befunde sind:

- Die Vorstellung, dass weißes Licht eine Zusammensetzung verschiedener Lichtsorten ist, wird deutlich abgelehnt (das Sonnenlicht kann keine blauen oder violetten Anteile enthalten).
- Bei Farbkombinationen oder -überlagerungen dominiert die „Tuschkastenvorstellung": Wird eine gelbe Pappe mit blauem Licht beleuchtet, wird die Wahrnehmung grün vermutet.

Einige weitere Vorstellungen lauten:

- Gegenstände haben eine Eigenfarbe,

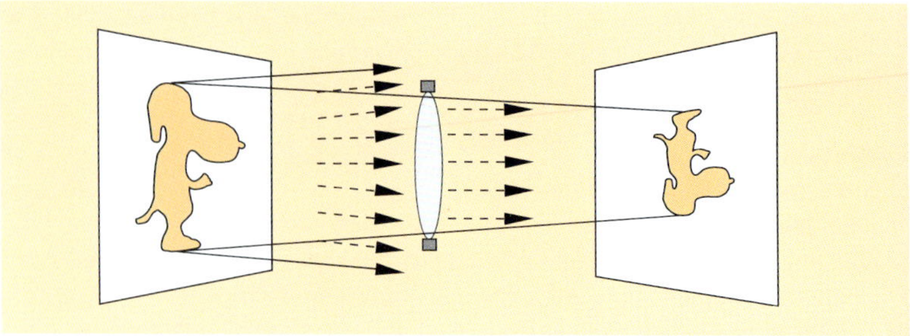

Abb. 5.3: Schülerskizze mit einer holistischen Abbildung durch eine Sammellinse

die durch Beleuchten sichtbar wird (die Abhängigkeit vom beleuchtenden Licht wird nicht in Erwägung gezogen).

- „Helle" Farben (gelb, orange, rot) sind auch bei (absoluter) Dunkelheit sichtbar, so wie weiße Gegenstände auch in der Dunkelkammer nach Schülererwartung noch immer zu sehen sind. „Dunkle" Farben (blau, violett) sieht man im Dunklen nicht.
- Licht an sich hat keine Farbe.
- Licht kann verschiedene Farben haben (z. B. rot nach Durchgang durch eine rote Folie), die sich beim Auftreffen auf weißem Papier zeigen.
- Beim Auftreffen von Licht auf eine farbige Oberfläche entsteht farbiges Licht, das auf der Oberfläche liegt, die dadurch farbig gesehen wird.
- Wenn Licht auf eine farbige Oberfläche auftrifft, entsteht dort farbiges Licht mit der Farbe der Oberfläche, das dann abgestrahlt wird.

Schülervorstellungen und Lernschwierigkeiten zur Quantenphysik

Beim Themenbereich Quantenphysik kommt zu den Lernschwierigkeiten der klassischen Physik ein neuer Typ an Schwierigkeiten hinzu: Grundlegende Ideen der bisher gelernten (klassischen) Physik müssen hier neu bewertet werden, indem eine neue Sicht auf Quantenobjekte entwickelt wird. So ist es nicht überraschend, dass deutliche Defizite beobachtet werden. Die nachfolgend beschriebenen Vorstellungen bestehen auch nach Unterricht über Quantenphysik weiter.

- Masse als wichtigste physikalische Größe: Als wichtigste physikalische Größe von klassischen Objekten wird von den meisten Schülerinnen und Schülern die Masse angesehen, der Ort spielt kaum eine Rolle. Auch bei quantenmechanischen Objekten ist die Masse nach Schülermeinung neben der Ladung und Geschwindigkeit/Impuls noch immer von herausragender Bedeutung. Quantenobjekten können vor allem deshalb auch Teilcheneigenschaften zugeschrieben werden, weil sie eine Masse haben.
- Ortseigenschaft ist durchgängig vorhanden: Quantenobjekten kann – zumindest gedanklich – immer ein Ort zugedacht werden. Allenfalls gibt es

praktische Schwierigkeiten, ihn festzulegen bzw. zu bestimmen (Teilchen zu schnell, nicht exakt messbar, Dualismus, Verweis auf Heisenberg'sche Ungleichung, ...).

- Teilchen- und Welleneigenschaften sind gleichzeitig vorhanden: Ein Quantenobjekt ist als Teilchen stets lokalisierbar, gleichzeitig aber von einer Welle umgeben, die für die Interferenzeffekte verantwortlich ist.
- Deterministisches Denken im Bereich der Quantenphysik: Nach Quantenphysikunterricht gibt es noch immer eine größere Zahl von Schülerinnen und Schülern, die Vorstellungen haben, die dem Laplace'schen Determinismus weitgehend entsprechen: Stehen alle Informationen über Anfangsbedingungen und Kräfte zur Verfügung, kann eine exakte Prognose über Ereignisse abgegeben werden. Oft ist die Sicht der klassischen Newton'schen Mechanik modifiziert zu einer Betrachtung, die der klassischen statistischen Mechanik zugrunde liegt: Die Objekte haben einen Ort und eine Geschwindigkeit bzw. einen Impuls, nur sind die jeweiligen Werte wie bei den Luftteilchen nicht bekannt.
- Teilchenaspekt und Ortseigenschaft bei Photonen: Teilchen wird stets ein Ort zugeschrieben. Wird Photonen eine Teilcheneigenschaft zugeordnet, wird dies so gedeutet, dass Photonen auch eine Ortseigenschaft haben.

Ausblick

Durch weltweite fachdidaktische Untersuchungen wurden ab den 1970er Jahren Schülervorstellungen zu praktisch allen Themengebieten der Physik umfassend erforscht. In einem weiteren Schritt wurden die Prozesse untersucht, wie sich eine Konzeptentwicklung von Schülervorstellungen zu wissenschaftlichen Vorstellungen vollzieht und wie man sie unterstützen kann. Der Fachterminus heißt „Conceptual Change" bzw. Begriffsentwicklung. Dies wird im folgenden Kapitel aufgegriffen.

Literatur zur Vertiefung

Schecker, H., Wilhelm, T., Hopf, M. & Duit, R. (Hrsg.). (2018). Schülervorstellungen und Physikunterricht. Springer.
In diesem Lehrbuch werden die theoretischen Grundlagen der Schülervorstellungsforschung und Schülervorstellungen zu fast allen Themengebieten der Schulphysik dargestellt.

Müller, R., Wodzinski, R. & Hopf, M. (Hrsg.) (2004). Schülervorstellungen in der Physik. Aulis.
In dem Sammelband sind wichtige Aufsätze zur Schülervorstellungsforschung nachgedruckt. Das Spektrum reicht von Arbeiten über Stromkreisvorstellungen in der Primarstufe bis zu Vorstellungen in der Quantenphysik.

Driver, R., Squires, A., Rushworth, P. & Wood-Robinson, V. (1994). Making Sense of Secondary Science. Research into Children's Science. Routledge.
Ein Klassiker der Schülervorstellungsforschung mit einer fachübergreifenden Auswertung von Arbeiten zum Verständnis naturwissenschaftlicher Begriffe bei Kindern und Jugendlichen. Das Buch enthält nützliche konkrete Vorschläge, wie mit den Vorstellungen im Unterricht umgegangen werden soll.

Duit, R. (2009). Datenbank STCSE: Students' and Teachers' Conceptions and Science Education; http://archiv.ipn.uni-kiel.de/stcse
In der Datenbank sind alle bis 2009 erschienenen internationalen Forschungsbeiträge zu Schülervorstellungen gelistet und kategorisiert.

6. Konzeptentwicklung

In **Kapitel 4** wurde die Bedeutung von Schülervorstellungen und der damit häufig verknüpften Lernschwierigkeiten dargestellt. In **Kapitel 5** sind Beispiele für verschiedene Inhaltsbereiche beschrieben. Darauf aufbauend befasst sich dieses Kapitel mit dem Lehren und Lernen physikalischer Begriffe und Theorien. Daraus folgen Empfehlungen für die Unterrichtsgestaltung. Generell sollte man sich als Lehrkraft stets bewusst sein, dass das Lernen von Physik ein sehr langwieriger, sich über viele Jahre erstreckender Prozess ist. Die Vorstellung, man müsste die physikalischen Vorstellungen nur einmal richtig erklären, Fehlvorstellungen nur einmal widerlegen, dann würden fast alle Lernenden die physikalischen Auffassungen schon richtig lernen, trifft nicht zu.

Ad-hoc-Konstruktionen oder stabile Theorien?

Die vorunterrichtlichen Vorstellungen haben sich bei den Schülerinnen und Schülern in der alltäglichen Auseinandersetzung mit den Erscheinungen der materiellen und der sozialen Umwelt als nützliches Wissen zur erfolgreichen Bewältigung des Alltags entwickelt. Das bedeutet aber deswegen nicht notwendigerweise, dass sie stabil und/oder konsistent sind. In der Forschung haben sich hier zwei Theorien etabliert: Vosniadou (2012) geht davon aus, dass Menschen schon sehr früh in ihrer individuellen Entwicklung relativ stabile Vorstellungen entwickeln. Wenn sie dann mit Widersprüchen konfrontiert werden, versuchen sie, die neue Idee in die alte Theorie zu integrieren. So entsteht eine *synthetische Theorie*. Ein Beispiel für eine synthetische Theorie ist es, wenn (fälschlicherweise) bei der Kreisbewegung Zentrifugalkraft und Zentripetalkraft als im Kräftegleichgewicht stehend angesehen werden. Dabei werden die aus dem Alltag geläufige „Fliehkraft“ und die neue, im Unterricht behandelte Zentripetalkraft in ein scheinbar stimmiges (aber falsches) Bild des Kräftegleichgewichts gebracht. Synthetische Theorien beschreiben gut, dass Menschen konsistente Vorstellungen entwickeln. Sie versagen bei der Beschreibung, warum Schülerinnen und Schüler bei manchen Fragen je nach Kontext andere Vorstellungen zu haben scheinen.

Hier greift dann eine Beschreibung mit der Theorie des *Knowledge in Pieces* (diSessa, 1993). Sie geht davon aus, dass wir Menschen bei der Erklärung von Dingen häufig auf einfache Grundregeln zurückgreifen. Diese Grundregeln (phenomenological primitives, p-prims) sind nur locker miteinander verbunden und je nach Situation greift man auf die jeweils passende Grundregel zurück. Die bekannte Vorstellung, dass die Erde im Sommer näher bei der Sonne sei (es ist in unseren Breitengrad ja wärmer), kann so verstanden werden, dass Menschen, die noch nie ausführlicher über diese Frage nachgedacht haben, bei der Antwort auf die Regel „Mehr hilft mehr“ zurückgreifen. Die Anwendung der Grundregel „von nichts kommt nichts“ auf einen einfachen Stromkreis kann zur „Stromverbrauchsvorstellung“ führen (wenn die Lampe Licht(energie) abgibt, muss etwas anderes dafür verbraucht werden).

Wichtig ist sich klarzumachen, dass es hier nicht darum geht, welche Theorie (frühe stabile Vorstellungen versus Grundregeln) die richtige ist. Vielmehr haben beide theoretischen Beschreibungen von Schülervorstellungen ihre Berechtigung. Mache Vorstellungen können besser mit synthetischen Theorien, andere eher mit Knowledge in Pieces beschrieben werden. Für den Physikunterricht zeigt sich allerdings oft, dass eine Beschreibung im Modell des Knowledge in Pieces großes Potenzial für die Entwicklung lernwirksamen Unterrichts hat.

Multiple Repräsentationen oder „Ausradieren von Fehlvorstellungen"?

Schülervorstellungen zu „löschen" und durch die physikalischen Vorstellungen Begriffe zu ersetzen, ist nicht ohne Weiteres möglich und wäre auch nicht sinnvoll. Alltagsgespräche würden eher darunter leiden, wenn stets nur die physikalisch korrekte Art der Verwendung von Begriffen wie „Kraft", „Arbeit" oder „Leistung" zugelassen wäre. Zudem würde dies nach den bisherigen Forschungen auch nicht – oder nur teilweise – gelingen. Es geht im Unterricht also nicht darum, Alltagskonzepte „auszumerzen" und durch physikalische zu ersetzen. Alltagskonzepte bilden kein zusammenhängendes, klar strukturiertes System, während physikalische Begriffe dagegen in ein hochkohärentes System eingebettet sind. Allerdings haben sie sich gleichzeitig von den umgangssprachlichen Konzeptualisierungen von Alltagsphänomenen deutlich entfernt. Schülerinnen und Schüler müssen Physik daher als eine neue Sicht- und Beschreibungsweise lernen, die in bestimmten Kontexten, insbesondere wenn es darum geht, quantitative Vorhersagen zu machen, dem Alltagsdenken deutlich überlegen ist. Lernen von Physik wird in diesem Zusammenhang oft verglichen mit dem Erlernen einer neuen Sprache oder dem Einleben in einen neuen Kulturbereich: Die Erstsprache – entspricht dem Alltagsdenken – behält weiterhin ihre Berechtigung, sie wird nicht falsch, nur ist es in manchen Situationen unzweckmäßig, sie zu benutzen.

Konstruktivistisches Lernen ist nicht gleichbedeutend mit selbstentdeckendem Lernen

Jedes Individuum muss neues Wissen und damit die physikalischen Begriffe mit Hilfe seines Vorwissens selbst konstruieren. So lautet das empirisch bestätigte Paradigma der Lehr- und Lernforschung, auch „Konstruktivismus" genannt (→ **Kap. 4**). Daraus folgt aber keineswegs, dass die Lernenden die Begriffe, die physikalische Sichtweise, ganz eigenständig selbst entdecken oder erfinden müssen. Insbesondere bei komplexen Begriffen haben sich geschickt konstruierte eng geführte Lernumgebungen als erfolgreich bewährt. Lernende sind durchaus in der Lage, eigenständig einen Begriff „Magnetpol" zu entwickeln oder herauszufinden, dass sich ein frei beweglicher Magnet in Nord-Süd-Richtung einpendelt. Es kann jedoch von der Mehrzahl der Kinder und Jugendlichen nicht realistisch erwartet werden, sich ohne starke Führung durch das Lernmaterial oder eine Lehrkraft ein Elementarmagnetmodell auszudenken. Ebenso wenig kann von den Lernenden erwartet werden, dass sie von sich aus einen Kraftbegriff im Sinne der New-ton'schen Mechanik entwickeln. In der Physik hat das Jahrhunderte gedauert.

Dennoch kann kein Schüler und keine Schülerin die Bedeutung eines Begriffs direkt von der Lehrkraft übernehmen. Stets müssen sie für neue Begriffe (bzw. die neuartige Verwendung eines Begriffs) aktiv eine Bedeutung konstruieren. Umso wichtiger ist die von der Lehrkraft vorgeplante Unterstützung durch Unterricht.

Konzeptentwicklung

Sehr häufig wird im Unterricht so vorgegangen, als ob die physikalische Sichtweise im Denken der Schülerinnen und Schüler schon weitgehend angelegt und ein physikalisches Konzept durch einfache Zwischenschritte leicht vermittelbar sei. In der Regel ist aber davon auszugehen, dass sich Alltags- und physikalische Sicht deutlich voneinander unterscheiden. Der physikalische Geschwindigkeitsbegriff als Vektor verlangt z. B. einen Bedeutungswechsel des Alltagsbegriffs Geschwindigkeit (= Schnelligkeit). In der Regel ist eine nachhaltige Konzeptentwicklung durch Um- oder Neustrukturierung erforderlich. Man spricht von Conceptual Change. Ein solcher ist aufwändig und bereitet beim Lernen häufig Schwierigkeiten. Um diese zu reduzieren, ist eine Reihe von Strategien entwickelt worden.

Strategien für den Unterricht

Schon früh wurden vier Bedingungen formuliert, die für einen erfolgreichen Conceptual Change berücksichtigt werden sollten (Posner et al., 1982):

- Die Lernenden müssen mit ihren bereits vorhandenen Vorstellungen unzufrieden sein.
- Die neue Vorstellung muss logisch verständlich (nachvollziehbar) sein.
- Sie muss plausibel (einleuchtend) sein.
- Sie muss fruchtbar sein, d. h., erfolgreich zur Beantwortung bisher ungeklärter oder neuer Fragestellungen herangezogen werden können.

Diese einleuchtenden Bedingungen sollten – mit unterschiedlicher Gewichtung – auch bei den nachfolgend beschriebenen Strategien des Conceptual Change berücksichtigt werden.

Kontinuierliche Lernwege

Wenn man davon ausgeht, dass die Schwierigkeiten von Lernenden eher durch Knowledge in Pieces beschrieben werden können, bieten sich Strategien an, die auf einen kontinuierlichen Lernweg setzen.

Die *Anknüpfungsstrategie* geht davon aus, dass die Lernenden neben lernhinderlichen Vorstellungen auch „nützliche" Vorstellungen besitzen, auf denen man im Unterricht aufbauen kann. Es werden Erfahrungen der Schülerinnen und Schüler ausgewählt, deren Alltagsverständnis nicht oder nur wenig mit dem wissenschaftlichen Verständnis kollidiert. Zum Beispiel sind Batterien im Alltagsverständnis Speicher von Strom, die im geschlossenen Stromkreis geleert werden. Deshalb kann es günstiger sein, mit Spannungsquellen wie Solarzellen zu beginnen, die sich nicht im gleichen Alltagssinn erschöpfen.

Erfolgversprechend ist auch die Suche nach geeigneten allgemeinen Rahmenvorstellungen. Eine im Alltag bewährte Vorstellung besteht darin, dass sich aufgrund einer Einwirkung auf ein Objekt eine Eigenschaft oder das Verhalten des

Objekts ändert. Ein Stoß gegen eine rollende Kugel führt dazu, dass sich die Geschwindigkeit der Kugel ändert. In diese allgemeine Vorstellung – eine Einwirkung führt zu einer Änderung –, fügt sich die Grundidee der Newton'schen Mechanik ($\vec{F} \sim \Delta \vec{v}$) sehr gut ein.

Mit der *Umdeutungsstrategie* wird versucht, den Lernenden zu vermitteln, dass ihre Vorstellung nicht völlig falsch ist, sondern eine physikalisch sinnvolle Bedeutung enthält, wenn ihre Vorstellung umgedeutet wird. So kann die Vorstellung des Stromverbrauchs physikalisch als Energieumwandlung umgedeutet werden. Ebenso kann die Vorstellung, dass sich ein Körper aufgrund einer in ihm sitzenden „Kraft" bewegt (Impetusvorstellung), relativ leicht als Impuls oder kinetische Energie umgedeutet werden.

Bei der *Brückenstrategie* wird der Konzeptwechsel dadurch erleichtert, dass Zwischenschritte eingefügt werden, die zu Übergangsbegriffen führen, die sukzessive bis zum Zielbegriff weiterentwickelt werden. Schülerinnen und Schüler haben z. B. Probleme mit der Vorstellung, dass ein Objekt, das „nur so da ist" und keine Aktivität zeigt, Kräfte ausüben kann. Sie können sich daher schwer vorstellen, dass ein Tisch, auf dem ein Buch liegt, eine Kraft auf das Buch ausübt. Als Brücke kann man anregen, sich die Oberfläche des Tisches aus kleinen Spiralfedern aufgebaut zu denken. Diese werden durch das Buch etwas eingedrückt. Dass solche Federn eine Kraft ausüben, wird von Lernenden akzeptiert. Beispiele für die Brückenstrategie beim Lernen von Mechanik findet man in Clement (1993).

Diskontinuierliche Lernwege

Manche Vorstellungen sind durch kontinuierliche Lernwege nicht zu verändern. Besonders bei tief verwurzelten und eher konsistenten unangemessenen Theorien ist es sinnvoller, eine **Konfrontationsstrategie** zu verwenden. Dabei muss ein kognitiver Konflikt bei den Lernenden erzeugt werden. Dazu werden z. B. ein Bild oder ein Experiment verwendet, das im Widerspruch zur Erwartung der Lernenden steht. Oder es werden zu einem bestimmten Problem verschiedene Vorstellungen der Lernenden gesammelt und gegenübergestellt, um Widersprüche zu verdeutlichen. Die verschiedenen Sichtweisen werden dann im Klassengespräch diskutiert mit dem Ziel, dass die physikalische Sichtweise als angemessen und nützlich akzeptiert wird. Stehen aus Sicht der Schülerinnen und Schüler überzeugende Argumente oder Phänomene für die physikalische Sicht zur Verfügung, ist diese Strategie sehr nützlich. Berücksichtigt werden muss allerdings, dass Konflikte aus Sicht der Lehrkraft nicht Konflikte für die Schülerinnen und Schüler sein müssen. Die diskreten Energiestufen beim Franck-Hertz-Versuch werden von Schülerinnen und Schüler z. B. nicht als besonders einschneidender Befund wahrgenommen, der ihr Kontinuumsdenken problematisiert. Weiterhin ist es möglich, dass durch die Diskussion erst „ausgereifte" Fehlvorstellungen bei vielen Lernenden entstehen können (z. B. die Zweizuführungsvorstellung für den elektrischen Stromkreis; → **Kap. 4**). Auch der hohe Zeitbedarf für die Diskussion muss in Erwägung gezogen werden.

Sowohl für kontinuierliche als auch für

diskontinuierliche Lernwege gibt es Unterrichtsmodelle (→ **Kap. 11**), die als Tiefenstruktur für die Planung von Unterricht verwendet werden können.

Schwierigkeiten bei der Konzeptentwicklung

Besondere Schwierigkeiten sind zu erwarten, wenn die Konzeptentwicklung mit einer grundlegenden Umkategorisierung verknüpft ist. In **Kapitel 5** waren Beispiele für falsche Kategorisierungen angeführt worden. Z. B. wird Licht im Alltagsverständnis in die Kategorie Zustand eingeordnet, als Ergebnis des Physikunterrichts sollte Licht als Prozess angesehen werden. Oder: Kraft sollte durch den Physikunterricht umkategorisiert werden von der Eigenschaft eines Systems zu einer Relation zwischen zwei Systemen (Kraft als Stärke und Richtung der Einwirkung eines Systems auf ein zweites).

Eine Reihe weiterer Aspekte können den Konzeptwechsel erschweren:

- Schülerinnen und Schüler sehen einen Wechsel ihrer Vorstellungen als für ihr Leben irrelevant an und entziehen sich mit dieser Auffassung dem Aufwand der Umstrukturierung.
- Ein Begriffswechsel stellt das bisherige eigene Denken in Frage. Dies ruft häufig negative Emotionen gegen die erforderlichen Änderungen hervor und fördert das Beharren auf den alten Vorstellungen.
- Phänomene oder Argumente werden

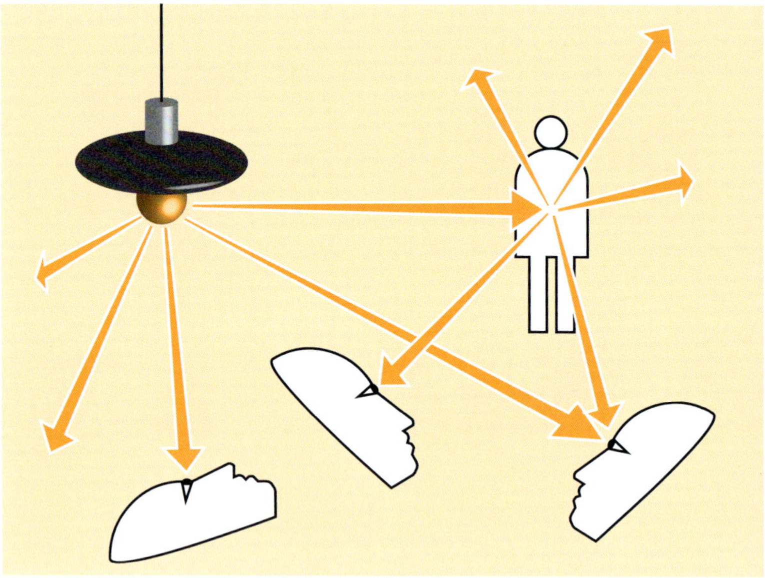

Abb. 6.1: Sender-Strahlungs-Empfänger-Vorstellung

aus der Perspektive der Lernenden anders gesehen oder bewertet und haben damit nicht die Überzeugungskraft, die die Lehrkraft den Experimenten und Argumenten zuschreibt.

Konzeptentwicklung und Unterricht

Für eine Reihe von Inhaltsbereichen sind inzwischen Unterrichtsvorschläge entwickelt worden, die die zuvor diskutierten Rahmenbedingungen berücksichtigen. In der Regel entstanden sie im Rahmen fachdidaktischer Entwicklungsforschung in einer über mehrere Jahre dauernden Abfolge von Entwicklungsarbeiten, Unterrichtserprobungen, Untersuchungen zu Lernerfolgen und Lernschwierigkeiten, anschließenden Überarbeitungen von Konzeptionen und Materialien und darauffolgenden erneuten Erprobungen. Die Ergebnisse empirischer Studien zeigen, dass sich auf diese Weise der Lernerfolg erheblich steigern lässt.

Zur Einführung in die Optik

Für das Verständnis der elementaren Optik ist eine physikalisch akzeptable Sehvorstellung erforderlich (**Abb. 6.1**), die so genannte Sender-Strahlungs-Empfänger-Vorstellung: Die Sonne, eine Lampe o. Ä. sendet Licht aus. Trifft von diesem Licht ein Teil auf die Oberfläche eines Gegenstandes, wird von der Oberfläche Licht in alle möglichen Richtungen gestreut. Von diesem Streulicht muss ein Teil in das Auge fallen, damit der Wahrnehmungsreiz ausgelöst wird.
Aufgrund alltagsbasierter Schülervorstellungen bereiten die beiden Aspekte, dass „gewöhnliche" Körperoberflächen Licht aussenden und dass das Streulicht ins Auge fallen muss, vielen Schülerinnen und Schülern erhebliche Lernschwierigkeiten (→ **Kap. 5**). Diese und weitere lernerschwerende Schülervorstellungen (z. B. Ort des Spiegelabbildes, holistische Abbildung bei Linsen) wurden bei der Konzeption eines erfolgreichen Lehrgangs berücksichtigt, der über mehrere Jahrzehnte hinweg entwickelt wurde (Wiesner et al. 1993 bis 2005, Haagen-Schützenhöfer, Fehringer & Rottensteiner, 2017). Im Wesentlichen wird eine Anknüpfungsstrategie verwendet. Die Sender-Strahlungs-Empfänger-Vorstellung ist die physikalische Rahmenvorstellung, die sich als roter Faden durch den Lehrgang zieht: Konsequent wird der Lichtweg von der sekundären oder primären Lichtquelle bis hin zum Einfall des Lichtes ins Auge verfolgt. Das Einbeziehen des Auges ist nicht nur bei virtuellen Bildern für das Verständnis der optischen Bilder von hoher Bedeutung.
Ein Kennzeichen des Lehrgangs ist die starke Betonung des qualitativen Verständnisses als Basis für formalere Betrachtungen (geometrische Bildkonstruktionen, Linsengleichung ...). Der Lehrgang deckt alle typischen Themen eines mindestens halbjährigen Unterrichts über Optik ab.
Die Lernwirksamkeit dieses Optik-Lehrgangs wurde in einer Vergleichsuntersuchung empirisch überprüft (Herdt, 1990). Diese zeigt eine drastische und statistisch höchst signifikante Überlegenheit der Versuchsgruppe. Beeindruckend ist zudem die Homogenität des Lernerfolgs: Die schlechteste Versuchsgruppenklasse war im Mittel besser als die beste Klasse der Kontrollgruppe. Die Versuchsgruppe

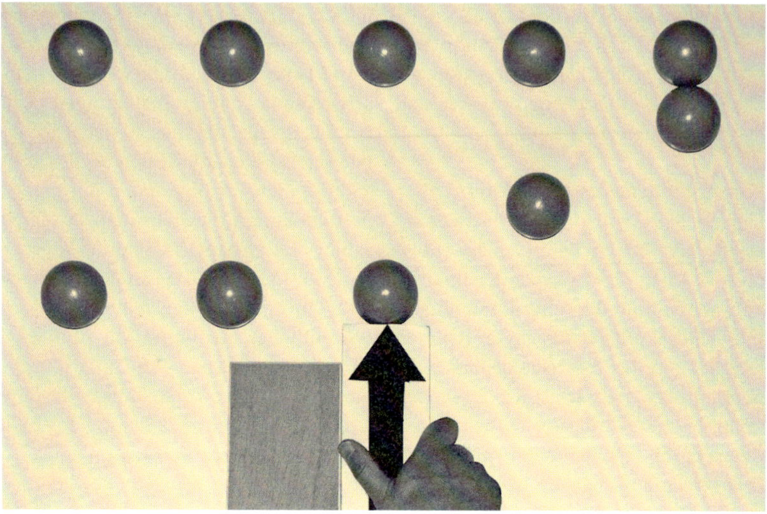

Abb 6.2: Eine rollende Metallkugel wird senkrecht zu ihrer Bewegungsrichtung gestoßen

schnitt nicht nur bei allen qualitativen Aufgaben signifikant besser ab, sondern auch bei Aufgaben mit Schwerpunkt auf strahlengeometrischen Konstruktionen, die im Unterricht der Kontrollgruppe im Vordergrund standen.

Einführung in die Mechanik

Als Konsequenz aus detailliert erforschten Lernschwierigkeiten (z. B. Jung, Wiesner & Engelhardt, 1981) hat Jung schon 1980 eine Einführung in die Mechanik als zweidimensionale Dynamik vorgeschlagen. Zentrale Elemente der Weiterentwicklungen dieses Grundansatzes sind der vektorielle Geschwindigkeitsbegriff und die Vorstellung, dass eine Einwirkung (→ **Kraft**) zu einer *Zusatzgeschwindigkeit* führt. Die Endgeschwindigkeit nach der Einwirkung ergibt sich als vektorielle Summe von Anfangs- und Zusatzgeschwindigkeit. Dieser Zusammenhang lässt sich besonders gut dadurch veranschaulichen, dass eine rollende Stahlkugel senkrecht zur Bewegungsrichtung gestoßen wird (**Abb. 6.2**).

Am Ende ergibt sich die Newtonsche Bewegungsgleichung in der Kraftstoßformulierung: $\vec{F} \cdot \Delta t = m \cdot \Delta \vec{v}$. Diese Gleichung ist für die Schülerinnen und Schüler recht einfach zu interpretieren. Auf den sehr schwierigen Beschleunigungsbegriff kann verzichtet werden.

Diese Unterrichtskonzeption ist so angelegt, dass bei den Lernenden die Grundregel „Von Nichts kommt Nichts" auf den Zusammenhang zwischen Kraft und Zusatzgeschwindigkeit angewendet wird.

Einzelstudien haben gezeigt, dass dieser Zugang erfolgreich ist (Wodzinski, 1996).

Feldstudien in der Schule haben ebenfalls belegt, dass er deutlich lernwirksamer ist als der traditionelle Weg über die Statik bzw. die eindimensionalen Einführungen (Spatz et al., 2018).

Weitere Beispiele

Auch in anderen Inhaltsbereichen wurden Unterrichtskonzeptionen mit Bezug zu Forschungsergebnissen über Schülervorstellungen und Lernschwierigkeiten entwickelt und deren Wirksamkeit empirisch untersucht. Viel Aufmerksamkeit wurde dabei auf die Quantenphysik gelegt. Untersucht wurden zudem u. a. Konzeptionen zur Behandlung des Teilchenkonzepts, des Magnetismus und der Elektrizitätslehre. Immer wieder zeigen sich hier gute Lernwirksamkeiten in empirischen Untersuchungen. Dennoch ist noch viel fachdidaktische Forschungsarbeit notwendig.

Fazit

Das Lernen von Physik ist wegen grundlegender Unterschiede zwischen dem Alltagsverständnis und der wissenschaftlichen Beschreibungsweise fast immer mit einem Conceptual Change bei den Schülerinnen und Schülern verbunden. Die damit einhergehenden Anforderungen erklären zumindest teilweise, weshalb es so schwer ist, Physik zu lernen. Zur Unterstützung der Lernenden bei ihrer Konzeptentwicklung gibt es verschiedene Strategien. Welche davon in welcher Situation die größte Aussicht auf Erfolg hat, kann nicht einfach vorhergesagt werden. Hierbei ist die besondere Aufmerksamkeit der Lehrkraft bei der Unterrichtsplanung gefragt, aber es besteht auch noch dringender Forschungsbedarf. Die geeignete Strategie hängt u. a. davon ab, wie verbreitet und wirksam die Schülervorstellungen in einem bestimmten Themengebiet sind und welche Möglichkeiten für das Umdeuten oder Brückenbauen bestehen. Empfehlenswert ist die Verwendung von ausgereiften Unterrichtskonzeptionen, die unter Berücksichtigung der bekannten Schülervorstellungen und Lernschwierigkeiten entwickelt wurden und deren Lernwirksamkeit sich immer wieder empirisch gezeigt hat.

Literatur zur Vertiefung

Jung, W. (1986). Alltagsvorstellungen und das Lernen von Physik und Chemie. In R. Müller, R. Wodzinski & M. Hopf (Hrsg.), Schülervorstellungen in der Physik. Aulis, 2004.
Liefert einen guten Überblick über grundlegende Aspekte der Konzeptentwicklung und Folgerungen für den Unterricht.

Gropengießer H., Marohn A. (2018) Schülervorstellungen und Conceptual Change. In D. Krüger, I. Parchmann, H. Schecker H. (Hrsg.) Theorien in der naturwissenschaftsdidaktischen Forschung. Springer.
Prägnanter Überblick über den Stand der Forschung

Schecker, H., Wilhelm, T., Hopf, M. und Duit, R. (Hrsg.). (2018). Schülervorstellungen und Physikunterricht. Springer.
Die Kapitel 2 und 3 des Buches vertiefen die Themen Conceptual Change und Unterrichtsstrategien.

Wilhelm, T., Schecker, H. und Hopf, M. (Hrsg.). (2021). Unterrichtskonzeptionen für den Physikunterricht. Springer.
Wichtige Unterrichtsvorschläge für viele Themenbereiche des Physikunterrichts werden vorgestellt. Hier finden sich auch weitere Literaturhinweise auf deren ausführliche Dokumentationen.

7. Interessen

Das Fach Physik ist bei vielen Schülerinnen und Schülern deutlich weniger beliebt als andere Fächer und nicht wenige entwickeln eine regelrechte Aversion gegen den Physikunterricht. Außerschulische Faktoren, auf die Lehrkräfte keinen oder nur geringen Einfluss haben, spielen dabei eine gewisse Rolle. Beispielsweise hängt das Interesse an Physik auch davon ab, welche Einstellung die Eltern dem Fach gegenüber haben. Viele Studien untermauern jedoch, dass es dem Physikunterricht kaum gelingt, das Interesse am Fach und seinen Gegenständen zu fördern. Häufig wird die Unterstützung des Interesses nur als Mittel zum Zweck der Steigerung der schulischen Leistung gesehen. Auch wenn der Aufbau einer soliden Struktur physikalischer Kompetenz ein zentrales Ziel des Physikunterrichts ist und bleiben soll, greift die Fixierung auf fachliche Leistung jedoch insgesamt zu kurz. Im Hinblick auf die Bereitschaft aller Schülerinnen und Schüler, auch nach dem Schulabschluss zumindest offen gegenüber physikalischen Fragestellungen zu sein oder sich gar lebenslang damit auseinanderzusetzen, muss eine Unterstützung des Interesses als eigenständiges Ziel des Unterrichts gesehen werden. Die naturwissenschaftliche Methode und das Denkgebäude der Physik (→ **Kap. 1**) sind Teil unserer kulturellen Tradition. Die Förderung einer grundsätzlichen Aufgeschlossenheit gegenüber den Naturwissenschaften sowie die Bereitschaft zur inhaltlichen Auseinandersetzung ist damit Kernbestand einer modernen Form allgemeiner Bildung (→ **Kap. 2**). In diesem Kapitel soll der Frage nachgegangen werden, wo Ursachen für mangelndes Interesse am Physikunterricht liegen und welche Möglichkeiten die Unterrichtsforschung sieht, um hier Verbesserungen zu erzielen.

Was sind Interessen?

In der Umgangssprache hat der Begriff „Interesse“ eine Vielzahl von Facetten und Bedeutungen: Wir sprechen vom Interesse am Kauf eines bestimmten Autos ebenso wie von Interessen an Sport, Computern oder Reisen. Für eine fachdidaktische Diskussion muss der Begriff des Interesses präzisiert werden. Sprechen wir von einem „Interessengegenstand“, so meinen wir damit nicht nur reale Objekte, sondern auch Tätigkeiten oder Wissensgebiete, denen man sich zuwendet oder zuwenden möchte. Das entscheidende Kennzeichen eines tragfähigen Interessebegriffs ist die geglückte Verbindung zweier Aspekte: Zum einen wird der Interessengegenstand als persönlich wichtig erachtet und zum anderen ist die Beschäftigung damit mit positiven Gefühlen verbunden. Die hohe Wertschätzung beruht darauf, dass sich die Person mit dem Interessengegenstand und den damit verbundenen Möglichkeiten identifiziert, und zwar um des Gegenstands selbst willen, also nicht (nur) als Mittel zur Erreichung eines anderen Ziels.

Zwei wichtige Facetten von Interesse sind zu unterscheiden. *Situationales Interesse* wird primär durch die aktuelle Interessantheit eines Lerngegenstands ausgelöst. Dies ist z. B. der Fall, wenn eine Lehrkraft durch einen eindrucksvollen Versuch die Neugier der Schülerinnen und Schüler auf einen physikalischen Inhalt lenken kann. Für einige ist das

Thema mit dem Pausengong oder dem Ende der Unterrichtseinheit abgehakt, ohne großartig Spuren im Gedächtnis zu hinterlassen. Es kann aber auch sein, dass die Stunde dazu anregt, sich genauer mit dem Inhalt auseinanderzusetzen, sei es durch Bücher, Recherche im Internet oder Gespräche mit anderen. Das geweckte situationsgebundene Interesse kann also die Grundlage für die Entwicklung eines überdauernden, so genannten *individuellen Interesses* sein. Man sagt dann, die Person baue eine stabile „Person-Gegenstands-Relation" auf. Ein in einer bestimmten Situation gezeigtes Interesse kann also durch interessante situationsgebundene Aspekte der Lernumgebung ausgelöst sein oder aber auf ein vorhandenes Interesse stoßen, welches dann lediglich „aktualisiert" wird. Im Allgemeinen werden beide Facetten mit je nach Person unterschiedlichem Gewicht eine Rolle spielen: Schülerinnen und Schüler mit geringem individuellem Interesse sind in höherem Ausmaß auf die Interessantheit der Lernumgebung angewiesen als solche, die über ein ausgeprägtes individuelles Interesse am Lerngegenstand verfügen.

Wie kann sich ein im Unterricht gewecktes situationales Interesse stabilisieren und daraus sogar individuelles Interesse entwickeln? Krapp (2002) greift in seinem Modell zur Interessenentwicklung auf empirische Ergebnisse von Mitchell (1993) zurück (**Abb. 7.1**). Demnach können zwei Kategorien von Maßnahmen unterschieden werden. Als „Catch"-Faktoren werden Elemente des Unterrichts bezeichnet, die die Aufmerksamkeit der Lernenden erregen. Dazu gehört insbesondere, dass Schülerinnen und Schüler das Lernziel für sich selbst als bedeutsam wahrnehmen. Eine Möglichkeit ist die Einbettung von Lerninhalten in interessante Kontexte (s. u.) oder die aktive Einbindung der Jugendlichen in den Lernprozess, z. B. im Rahmen von Gruppenarbeit. Maßnahmen, die darüber hinaus das situationale Interesse aufrechterhalten, nennt Mitchell „Hold"-Faktoren. Hierfür entscheidend ist die Befriedigung der emotionalen Bedürfnisse nach angemessener Selbstbestimmtheit und dem Erleben von Kompetenzgefühlen während des Lernprozesses. Individuelles, überdauerndes Interesse entsteht, indem der Physikunterricht immer wieder Catch- und Hold-Faktoren anbietet.

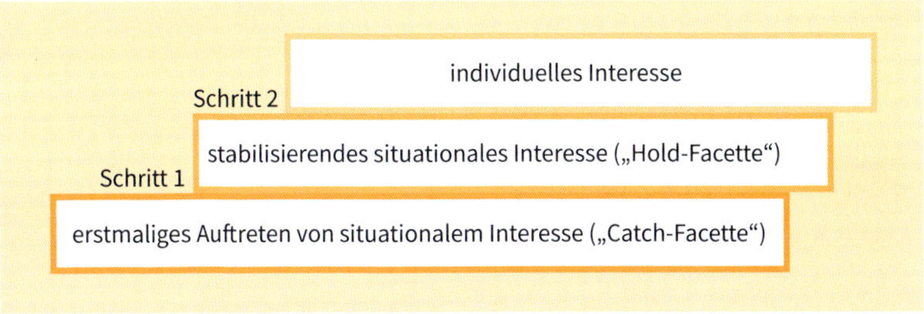

Abb. 7.1: Stufen der Interessenentwicklung (nach Krapp, 2002, 399)

Nach Hofer (2010) durchläuft ein Individuum im Laufe seiner Entwicklung wiederholt Schleifen der Exploration von potenziellen Interessengegenständen, erhält dadurch Rückmeldungen und trifft auf dieser Basis eine Auswahl, die dem eigenen Selbstverständnis entspricht. Eine Strategie der Vorauswahl ist das „self-to-prototype matching“ (Kessels & Taconis, 2012). In Bezug auf Physikunterricht betrachten Schülerinnen und Schüler entsprechend dieser Annahme den Überschneidungsbereich zwischen dem eigenen Selbstverständnis und einem prototypischen Repräsentanten des Gebiets, z. B. der eigenen Physiklehrkraft. Ist der Überscheidungsbereich klein, so kann das Interesse an Physik abnehmen. Dies könnte zumindest teilweise das relativ geringe Interesse an Physik erklären, insbesondere bei Schülerinnen.

Warum unterscheidet man Fachinteresse und Sachinteresse?

Bei der Frage des Interesses an einem bestimmten Gegenstandsbereich wie der Physik ist es sinnvoll, das Interesse am Fach Physik („Fachinteresse“) vom Interesse an physikalischen Inhalten („Sachinteresse“) zu unterscheiden. Das Fachinteresse ist von einer Vielzahl von Gesichtspunkten bestimmt, die nicht unbedingt mit den physikalischen Inhalten zu tun haben. Dazu gehören z. B. die Einschätzung des Schwierigkeitsgrads, die Bedeutung, die dem Fach von den Klassenkameraden, den Eltern und der Öffentlichkeit zugeschrieben wird, oder auch Erfahrungen mit Physiklehrkräften. Im Hinblick auf das Fachinteresse sind also umfassendere Einstellungen der Schülerinnen und Schüler zum Fach Physik maßgeblich.

Die Abgrenzung zum Sachinteresse ist schon aus der Erfahrung heraus naheliegend, dass Fernsehsendungen oder populärwissenschaftliche Zeitschriften mit physikalischen Bezügen häufig durchaus auf hohes Interesse stoßen, während der Physikunterricht wesentlich schlechter beurteilt wird. Um erste Einblicke in das Thema Physikinteresse zu erhalten, betrachten wir Ergebnisse zum Fach- bzw. Sachinteresse in **Abbildung 7.2**, die im Rahmen der breit angelegten und einflussreichen IPN-Interessenstudie Physik (vgl. Häußler & Hoffmann, 1995) gewonnen wurden. Der dargestellte Interessenverlauf stimmt im Wesentlichen mit späteren Forschungsergebnissen überein (Daniels, 2008).

Folgende Aspekte fallen auf:

- Sowohl das Fachinteresse als auch das Sachinteresse liegen in einem mittleren Bereich. Dabei ist allerdings zu beachten, dass die Darstellung nur die Mittelwerte von allen Schülerinnen und Schülern wiedergibt. Es ist daraus nicht zu entnehmen, welcher Anteil davon völlig desinteressiert ist.
- Das Sachinteresse nimmt im Laufe der Schulzeit kontinuierlich ab, ohne jedoch unter ein mittleres Niveau zu sinken. Das Fachinteresse stabilisiert sich im Laufe der Sekundarstufe I.
- Das Fachinteresse der Schüler ist deutlich höher als das der Schülerinnen, beim Sachinteresse ist der Unterschied hingegen kleiner.

Trotz der relativ zu den meisten anderen Fächern geringen Beliebtheit wird Phy-

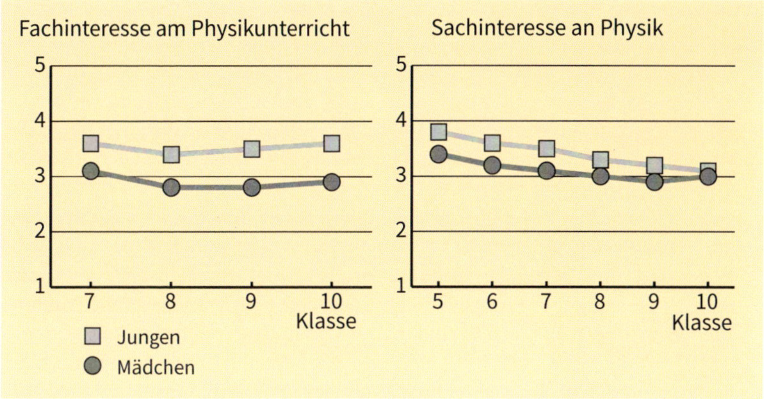

Abb. 7.2: Das Fachinteresse und das Sachinteresse an Physik (nach Hoffmann, Häußler & Lehrke, 1998, 20 u. 32; fünfstufige Skala von „sehr großes Interesse" (5) bis „sehr geringes Interesse" (1)

sikunterricht also keineswegs als völlig uninteressant betrachtet. Das Problem ist die Polarisierung. Physik hat den größten Anteil bei Schülern und vor allem bei Schülerinnen auf die Frage nach ihrem unbeliebtesten Fach (Merzyn, 2008). Bezüglich der Interessensabnahme muss man bedenken, dass Kinder noch ein breites Interessenspektrum aufweisen, das jedoch im Laufe der Adoleszenz schmaler und fokussierter wird. Eine absolute Abnahme des Interesses an Physik ist demnach nicht unerwartet. Erst in Relation zu anderen Fächern und Sachbereichen, wie Biologie, wird das auffällig.

Welche Unterrichtskonzeptionen fördern das Interesse?

Das durchschnittlich geringere Interesse von Schülerinnen war Anlass für fachdidaktische Interventionsstudien. Im Modellversuch „Chancengleichheit" (Hoffmann, Häußler & Peters-Haft, 1997) wurde versucht, die Interessenunterschiede zwischen Schülerinnen und Schülern u.a. durch eine konsequente Orientierung des Unterrichts an Alltagsphänomenen und Anwendungsbezügen zu verringern. Zentrale Ergebnisse der Studie waren:

- Durch die Unterrichtskonzeption gelang es, die Abnahme des Sachinteresses zu verlangsamen.
- Der Unterricht wurde als insgesamt motivierender erlebt als in der herkömmlich unterrichteten Vergleichsgruppe. Obwohl die Maßnahmen insbesondere auf die Förderung der Schülerinnen abzielten, zeigten sich beide Effekte auch bei den Schülern.

Weitere Studien im deutschsprachigen Raum weisen in eine ähnliche Richtung. Beispielsweise ergab die „Schweizer Koedukationsstudie" (Labudde, Herzog,

Neuschwandner, Violi & Gerber, 2000) Folgendes:

- Die Leistungen der Schüler in den Abschlusstests waren umso höher, je stärker der vorausgehende Unterricht sich an den Interessen von Schülerinnen orientierte. Die Schülerinnen waren vergleichbar gut, einen Abfall gab es nur in den Klassen, in denen der Unterricht kaum an den Mädchen orientiert war.
- Die Erwartungen der Schülerinnen und der Schüler hinsichtlich der eigenen Leistungsfähigkeit und ihres Interesses an zukünftigem Physikunterricht waren in dem an Mädchen orientierten Unterricht deutlich günstiger.

Der Vorteil der Jungen hinsichtlich dieser beiden Aspekte blieb jedoch erhalten. Dies bedeutet, dass in den Studien allgemeine Kriterien für guten Unterricht besser umgesetzt wurden als im herkömmlichen Unterricht, sodass sowohl Schülerinnen als auch Schüler davon profitierten. Man kann das auf folgende Faustformel bringen: Wenn man den Physikunterricht stärker an den Interessen von Mädchen ausrichtet, ist das auch für Jungen gut. Der Umkehrschluss gilt jedoch nicht.

Wie fördern Kontexte die Interessenentwicklung?

Nach den Ergebnissen der IPN-Interessenstudie hängt das Interesse von Schülerinnen und Schülern nur schwach davon ab, welches physikalische Gebiet im Unterricht behandelt wird: Elektrizitätslehre, Mechanik oder andere Gebiete der Physik. Wesentlich für die Einschätzung des eigenen Interesses ist vielmehr die Frage, in welchen Zusammenhang, in welchen „Kontext" die physikalischen Inhalte thematisch eingebettet sind. Das zeigte sich auch in der internationalen ROSE-Studie (Holstermann & Bögeholz, 2007) Beispielsweise macht es einen Unterschied, ob das Prinzip einer mechanischen Pumpe in Bezug auf die Ölförderung oder im Kontext der Funktionsweise des Herzens behandelt wird. Damit ist die große Chance gegeben, unabhängig vom konkreten physikalischen Teilgebiet interessanten Unterricht zu gestalten.

In den letzten Jahrzehnten hat die fachdidaktische Forschung eine Vielfalt von Kontexten identifiziert und erprobt, die günstig für die Förderung des Interesses sind. Um die Bedeutsamkeit der Kontexte zu verstehen, ist eine Unterscheidung zwischen zwei übergeordneten Zielen des Fachunterrichts sinnvoll, die man mit „Verfügungswissen" bzw. „Orientierungswissen" umschreiben kann (Muckenfuß, 1995; → **Kap. 2**). Eine wichtige Aufgabe des Unterrichts ist die Vorbereitung der Schülerinnen und Schüler für Berufsausbildungs- oder Studienbereiche mit Bezug zu Naturwissenschaft und Technik. Dazu gehören Kenntnisse von grundlegenden Begriffen und Zusammenhängen, Fähigkeiten zur experimentellen Bestimmung physikalischer Größen oder zu deren Berechnung mit physikalischen Größengleichungen. Die Gesamtheit solcher Kompetenzen bezeichnen wir als Verfügungswissen. Zum Orientierungswissen gehören Fähigkeiten und Kenntnisse, die zur Klärung des Verhältnisses von Mensch und Natur bzw. Technik beitragen. Die Bewertung menschlichen Handelns und die Einschätzung der Chancen und Grenzen naturwissenschaftlicher Forschung ist integraler Bestandteil eines darauf ausgerichteten Unterrichts. Die Ergebnisse in der Interessenforschung lassen sich vor diesem Hintergrund so deuten, dass eine *ausschließliche* Fokussierung des Unterrichts auf die Generierung von Verfügungswissen dem Interesse einer großen Zahl von Schülerinnen, aber auch von Schülern abträglich ist. Wird hingegen durch eine geeignete Wahl des Kontextes die orientierende Funktion des Unterrichts gestärkt, so lässt sich die Interessantheit des Unterrichts für alle Lernenden deutlich erhöhen. Die Spannweite möglicher Themen reicht dabei von der Funktionsweise von Alltagsgeräten über die Physik medizinischer Diagnosegeräte bis hin zu Fragen der Kosmologie.

Eine umfassende Analyse der verfügbaren Einzelstudien aus verschiedenen Ländern ergab, dass kontextorientierter Unterricht im Hinblick auf die Entwicklung des naturwissenschaftlichen Verständnisses im Vergleich zu eher herkömmlichem Unterricht keine Nachteile aufweist, aber beträchtliche Vorteile hinsichtlich der Einstellung zu naturwissenschaftlichem Unterricht bietet (Bennett, Lubben & Hogarth, 2007).

In Bezug auf das Interesse an Physik zeigen Studien von der Sekundarstufe bis zur Hochschullehre in der Zusammenschau ein vergleichbares Bild (vgl. z. B. Colicchia, 2007; Berger, 2000; Henning, 2014). Demnach kann eine Kontextorientierung Interesse unterstützen, ohne die Leistung zu beeinträchtigen. Nach Krapp (2018) ist es ohnehin unrealistisch zu erwarten, dass die Förderung der Interessantheit von Unterricht (z. B. durch geeignete Kontexte) sich unmittelbar in besseren Leistungen niederschlägt.

Welche Merkmale der Unterrichtsgestaltung fördern das Interesse?

Nicht allein der jeweilige Kontext, in den die physikalischen Inhalte eingebettet werden, prägt die Einstellung zum Fach Physik. Es kommt auf die Unterrichtsqualität insgesamt an. Denn wie sollen sich Schülerinnen und Schüler für etwas interessieren, das sie überhaupt nicht verstehen? Die Lehrkraft mit ihren fachlichen und didaktischen Fähigkeiten und Interessen, ihrem Selbstverständnis und dem daraus resultierenden unterrichtlichen Handeln spielt eine entscheidende Rolle für das Interesse ihrer Schülerinnen und Schüler am Fach Physik. Die pädagogische Psychologie benennt zwei wichtige Faktoren für die Förderung einer Beschäftigung mit dem Lerngegenstand „um seiner selbst willen“: das Bedürfnis der Lernenden nach Erleben eines hinreichenden Maßes an Selbstbestimmung und ihren Wunsch, sich im eigenen Handeln als wirkungsvoll, als kompetent zu erleben.

Eine ungewollt demotivierende Maßnahme besteht darin, den Schülerinnen und Schülern die Kontrolle über ihr Tun vollständig zu entziehen. Dies geschieht oft unter der Annahme, nur durch eine strikte, kleinschrittige Anleitung könne man den Lernenden helfen, physikalische Zusammenhänge zu verstehen. Die Einengung von Spielräumen, detailliertes Vorschreiben und massives Kontrollieren führen jedoch zum Verlust von Autonomieerleben und zum Gefühl, fremdgesteuert zu werden. Dies beeinträchtigt die Bereitschaft, sich „aus sich selbst heraus“

mit einem Lerngegenstand zu beschäftigen. Im Umkehrschluss folgt daraus jedoch kein unterrichtliches „Laissez-faire“. Lernende suchen Spielräume nur dort, wo sie durch geeignete Hilfestellungen auch in der Lage sind, die Aufgaben erfolgreich zu bearbeiten und sich so als kompetent zu erleben.

Das Erleben von Kompetenz hat sich als wesentlicher Faktor auch für fachliche Leistungen erwiesen. Durch wiederholtes Erleben von Kompetenz wird das Selbstvertrauen in die eigene Leistungsfähigkeit unterstützt und ein positives physikbezogenes Selbstkonzept gefördert: „Wenn ich mich anstrenge, kann ich Physik verstehen“. Dieses Fähigkeitsselbstkonzept hat sich als wichtig für den Unterrichtserfolg und für die Entwicklung des Interesses erwiesen (Daniels, 2008). Ob sich Schülerinnen und Schüler als kompetent erleben, hängt jedoch kritisch u. a. von folgenden Faktoren ab:

- Klarheit: ausreichende Strukturierung und Verständlichkeit des Unterrichts (Lernende schätzen es besonders, wenn Lehrkräfte Physik „gut erklären“ können);
- gute Passung zwischen den Fähigkeiten der Lernenden und den Leistungsanforderungen (viele Untersuchungen zeigen, dass Lehrkräfte die Fähigkeiten ihrer Schülerinnen und Schüler z. T. deutlich überschätzen);
- angemessenes Unterrichtstempo, beispielsweise ausreichend Zeit zum Überlegen bei Lehrerfragen;
- Binnendifferenzierung oder gestufte Lernhilfen;
- angemessene Unterrichtsmethoden und -werkzeuge (auch Lernende mit schwachem Selbstkonzept profitieren davon, wenn sie sich im Rahmen von Gruppenarbeit bei guter Unterstützung intensiv mit einem Thema auseinandersetzen können; → **Kap. 13**);
- individuelle Rückmeldungen zum Lernfortschritt, ggf. mit Angaben, durch welche Arbeitsschritte ein bestimmtes Lerndefizit abgebaut werden kann;
- das Gefühl, in der Klasse integriert zu sein und von der Lehrkraft wertgeschätzt zu werden, mit anderen Worten, sich „sozial eingebunden“ zu fühlen, wird als weitere Voraussetzung für eine günstige Interessenentwicklung angesehen. Sie kann u. a. durch individuelle Förderung auf der Basis einer angemessenen Lernprozessdiagnostik sowie durch Sozialformen unterstützt werden, die die Kommunikation zwischen den Schülerinnen und Schülern begünstigen.

Fazit

Affektive Faktoren, wie das Interesse, haben eine große Bedeutung für die Wahrnehmung des Physikunterrichts durch die Schülerinnen und Schüler. Sie beeinflussen die kognitive Verarbeitung von Lernangeboten und den Kompetenzerwerb. Der Höhepunkt der physikdidaktischen Interessenforschung und der Arbeiten zur Förderung des Interesses bei Mädchen und Jungen lag bereits in den 1990er-Jahren. Neuere Arbeiten widmen sich der Rolle des Kontextes. Trotz vielfältiger Entwicklungsarbeiten für den Unterricht sind durchschlagende Erfolge noch nicht erkennbar, was sich z. B. in der nach wie vor geringen Quote von jungen Frauen in Physikkursen der Oberstufe zeigt. Einfache Zusammenhänge zwischen Interessen und Kompetenzerwerb liegen offenbar nicht vor (z. B. Brakhage, 2020). Es besteht ein Bedarf an multivariaten Studien unter Einbeziehung von Fähigkeitsselbstkonzept, Vorwissen, individuellem und situationalem Interesse, Geschlecht, Kompetenzerwerb sowie Einstellungen gegenüber dem Physikunterricht.

Literatur zur Vertiefung

Muckenfuß, H. (1995). Lernen im sinnstiftenden Kontext. Entwurf einer zeitgemäßen Didaktik des Physikunterrichts. Cornelsen.
Eine Reflexion von Geschichte und Ergebnissen der Interessenforschung sowie eigene Vorschläge zur Förderung des Interesses durch eine konsequente Kontextorientierung des Physikunterrichts aus pädagogischer Perspektive (darin insbes. die Kapitel I und IV).

Krapp, A. (2018). Interesse. In Rost, D. H., Sparfeldt, J. R. & Buch, S. R. (Hrsg.), Handwörterbuch Pädagogische Psychologie (S. 286 – 296). Beltz.
Eine kompakte Einführung in die Interessenthematik aus Sicht der pädagogischen Psychologie.

Blankenburg, J. & Scheersoi, A. (2018). Interesse und Interessenentwicklung. In D. Krüger, I. Parchmann & H. Schecker (Hrsg.), Theorien in der naturwissenschaftsdidaktischen Forschung (S. 245 – 259). Springer.
Vertiefende Darstellung des Themas im Hinblick auf naturwissenschaftsdidaktische Forschung mit umfangreichem Literaturverzeichnis.

8. Sprache

Lernen ist ein aktiver Prozess der Schülerinnen und Schüler. Beim Physiklernen werden Informationen über alle Sinneskanäle aufgenommen und vom Gehirn verarbeitet. Der Verarbeitungsprozess greift auf bestehendes Wissen zurück – dieses Vorwissen kann im Einklang mit den neuen Informationen stehen oder ihnen ganz oder in Teilen widersprechen (→ **Kap. 5**). Gängigen Lerntheorien folgend, werden in dem Prozess im Idealfall Informationen aus verschiedenen Sinneskanälen miteinander kombiniert (→ **Kap. 15**). Sprache vermittelt Informationen in Form von gesprochener Sprache (z. B. im Unterrichtsgespräch), schriftlicher Sprache (z. B. Schulbuch, Arbeitsblatt), als Bild (z. B. die Buchstaben „F" und „f" in Versuchsskizzen zur Optik) oder als Symbol (Gefahrensymbol für Radioaktivität).

Seitens der Sprachdidaktik wird zwischen rezeptiven (Lesen, Zuhören) und produktiven sprachlichen Handlungen und den entsprechenden Fähigkeiten unterschieden. Dabei sind alle Prozesse sprachlicher Verarbeitung immer von kognitiver Aktivität begleitet. Wenn ein Schüler oder eine Schülerin einer Lehrkraft zuhört, dann wird das Gehörte in dem Sinne aktiv verarbeitet, dass Vorwissen und Vorstellungen aktiviert, Bedeutungen der gehörten Wörter und Sätze rekonstruiert und mit Lehrer-Demonstrationen, Gesten und Körpersprache in Bezug gesetzt werden müssen (→ **Kap. 4**). Gesprochene oder geschriebene Texte zu verarbeiten bedeutet, mentale Modelle, d. h. individuelle Bedeutungszuweisungen bzw. innere Repräsentationen, zum Gesagten oder Gelesenen zu erstellen. Schon Zuhören ist also mehr als die Aufnahme von Informationen durch die Zuhörenden. Wenn eine Lehrkraft einen physikalischen Sachzusammenhang erklärt oder einen Fach- oder Aufgabentext verfasst, muss sie ihre Schülerinnen und Schüler dazu anregen, mentale Modelle des rezipierten Textes zu bilden (vgl. zum Erklären Kulgemeyer & Schecker 2013).

Sprache ist im Physikunterricht allgegenwärtiges, in verschiedenen Formen und Funktionen zentrales Medium des Lernens. Entsprechend sind Anforderungen an Schülerinnen und Schüler nicht nur fachlicher, sondern zugleich sprachlicher Art: Sie sollen Beobachtungen vorhersagen, beschreiben und erklären, Messdaten vergleichen, kommentieren und einschätzen, miteinander diskutieren, Informationen recherchieren, verarbeiten, zusammenfassen oder wiedergeben, Hypothesen formulieren und Schlussfolgerungen ziehen. Sie präsentieren, lesen Aufgaben oder Lerntexte und gestalten Plakate, Protokolle, Tafelanschriebe oder Hefteinträge.

Funktionen von Sprache im Physikunterricht

Sprache ist einerseits Voraussetzung des Lernens, da Informationsweitergabe und -verarbeitung auf Sprache basiert. Andererseits ist Sprache Lernziel, damit die Schülerinnen und Schüler sich kurzfristig im Physikraum über einen physikalischen Sachzusammenhang austauschen, aber auch langfristig an der Gesellschaft in naturwissenschaftlich-technischen Kontexten partizipieren können. Nicht zuletzt ist Sprache ein Lernweg, wenn sie in ihrer kognitiven und epistemischen Funktion

gezielt genutzt wird. Diese drei Aspekte sind nicht überschneidungsfrei. Trotzdem kann die Unterscheidung im Folgenden helfen, Forschungsbefunde zur Sprache im Physikunterricht einzuordnen.
Sprachbiographische Hintergründe und sprachliche Fähigkeiten sind wichtige Heterogenitätsaspekte. Sprachliche Heterogenität stellt eine Hintergrundbedingung für die Unterrichtsplanung dar und sollte entsprechend berücksichtigt werden. Wenn Sprache zusätzlich Lernziel ist, muss geklärt werden, was genau der Physikunterricht hier spezifisch beitragen kann. Dies müsste im Sinne eines Curriculums geplant und entsprechende Lerngelegenheiten müssten konzipiert werden. Sprachförderung ist eine Aufgabe, die quer zu den Schulfächern liegt und an der sich Physik im Sinne eines sprachexpliziten Physikunterrichts beteiligt. Hat Sprache darüber hinaus eine epistemische, das Lernen prägende Funktion so sollten Lehrkräfte ihren Unterricht auch hier sprachbewusst gestalten.

Sprache als Voraussetzung für fachliches Lernen

Internationale Vergleichsstudien wie TIMSS und PISA (→ **Kap. 17**) haben unser Bildungssystem in Mathematik und den Naturwissenschaften hinsichtlich seiner Leistungsfähigkeit und möglicher Einflussfaktoren auf fachlichen Lernerfolg untersucht. Das deutsche Bildungssystem zeichnet sich im internationalen Vergleich besonders dadurch aus, dass Bildungserfolg stark mit Einflussfaktoren des Elternhauses zusammenhängt. Neben den ökonomischen Möglichkeiten der Erziehungsberechtigten erwies sich von Beginn an auch die Sprache als ein Erklärungsmerkmal für Leistungen in den Naturwissenschaften. In der Evaluation der Bildungsstandards (→ **Kap. 3**) wurde dieser Effekt auch spezifisch für Physik bestätigt. Für Deutschland deuten die Befunde zunächst an, dass Kinder, die in einer anderen Sprache als ihrer Herkunftssprache unterrichtet werden, tendenziell Nachteile haben. Dies gilt also für ca. 1/3 der Schülerinnen und Schüler in Deutschland.
Lange wurde dieser Befund so interpretiert, dass Lernende mit Deutsch als Zweitsprache als defizitär eingeschätzt wurden. Viele Hochschulen haben darauf reagiert und Veranstaltungen wie „Deutsch als Zweitsprache“ in die Lehrerbildung implementiert. In den 2010er Jahren hat sich die Einschätzung der Befundlage etwas verändert. Zunehmend wurde klar, alle Lernenden – auch die ohne Migrationshintergrund – müssen in der Schule hohe sprachbezogene Herausforderungen bewältigen. Der enge Zusammenhang aus sprachlichen Lernvoraussetzungen und fachlichem Kompetenzerwerb gilt für alle. Und tatsächlich wird der Faktor „Migrationshintergrund“ empirisch i. d. R. deutlich kleiner, wenn Kontrollvariablen wie kulturelles oder ökonomisches Kapital und sprachliche Fähigkeiten in Deutsch berücksichtigt werden. Es sind also eher die „Sprachschwachen“ und nicht generell Kinder mit anderen Herkunftssprachen als Deutsch oder mit Migrationshintergrund, die in unserem Bildungssystem ein Problem haben.
Vor dem Hintergrund von Studien zum Textverständnis lässt sich dieser sehr grundlegende Einfluss unterrichts-

sprachlicher Fähigkeiten auf fachlichen Kompetenzerwerb gut verstehen (Härtig, Bernholt, Prechtl, & Retelsdorf, 2015). Bezogen auf das Verständnis von Sachtexten (in Naturwissenschaften) erweisen sich das inhaltliche Vorwissen, allgemeine Sprachkompetenzen und allgemeine Lesestrategien als genauso notwendig wie die Fähigkeit zum schlussfolgernden Denken. Zu diesen allgemeinen Sprachkompetenzen gehören in der Sekundarstufe I der Wortschatz und die Fähigkeit zur Worterkennung. Beim Lesen von Texten im Physikunterricht (Arbeitsblätter, Schulbuch, Tafel) muss man also davon ausgehen, dass Lernende benachteiligt sind, sofern sie über einen geringen allgemeinen Wortschatz und über wenig ausgebaute Lesestrategien verfügen. Ein mangelndes fachliches Vorwissen wird durch diese Defizite weiter verstärkt und kann die erfolgreiche Teilhabe am Physikunterricht einschränken.

Sprachförderung als Ziel des Physikunterrichts

Physikunterricht ist zwar nicht das zentrale Fach für Sprachförderung, aber dennoch stellen sich wichtige Fragen: Erstens, was sind physikdidaktisch begründbare sprachbezogene Ziele im Physikunterricht? Zweitens, wie lässt sich in sprachlich heterogenen Lerngruppen Sprache sinnvoll und auch für fachliches Lernen förderlich nutzen?

Kompetenzorientierung betrifft generell die Förderung naturwissenschaftlicher Grundbildung im Sinne der Scientific Literacy als zentralem Ziel des Physikunterrichts (→ **Kap. 2 Bildungsziele**). Diese umfasst neben anderen Grundbildungsaspekten Fähigkeiten, neue Informationen aus Texten, Tabellen, Grafiken oder symbolischen Darstellungen zu rezipieren und zu verarbeiten, um sie dann z. B. in Diskussionen, beim Verfassen eines Versuchsprotokolls oder Beitrags zur Schülerzeitung zu nutzen. Dabei sind nicht nur fachbezogene, sondern auch sprachbezogene Kompetenzen vorteilhaft.

Schulunterricht vermittelt entlang von Schulfächern ganz allgemein Kulturwerkzeuge und fachbezogene sprachliche Fähigkeiten sind dabei ein relevanter Beitrag des Physikunterrichts. Auf welche Weise sollen Lernende im Verlauf ihrer Schullaufbahn im Physikunterricht diese Kompetenzen erwerben und welche Anforderungen an dieses Werkzeug sollen dabei gestellt und welche Ziele mit ihm erreicht werden?

Ein Beispiel: Schülerinnen und Schüler finden bei einer Recherche zum Thema „Kraftwerke und Energieversorgung" die Grafik (**Abb. 8.1**). Um die Grafik sinnvoll in einem Bewertungsprozess über z. B. die Energiewende nutzen zu können, sind sowohl fachliches als auch mathematisches und zusätzlich naturwissenschaftlich-methodisches Vorwissen zu aktivieren. Darüber hinaus sind sprachbezogene Fähigkeiten wie Lesestrategien und schlussfolgerndes Denken bedeutsam. Diese müssen im Verständnisprozess so zusammengeführt werden, dass eine Kernaussage korrekt abgeleitet werden kann. Dieser Lese- und Verstehensprozess muss im fachlichen Kontext erläutert und eingeübt werden. Neben der Rezeption zählt auch die Produktion von Diagrammen (z. B. ein Energieflussdiagramm), Tabellen (z. B. um Messwerte darzustellen) oder symbolischen Darstellungen (z. B.

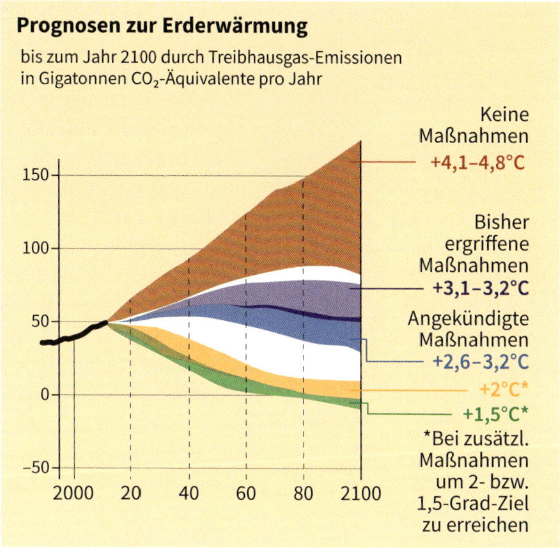

Abb. 8.1: Beispiel einer Graphik zur Erläuterung der Wechselwirkung sprachlicher und fachlicher Anforderungen (nach Tagesspiegel, 2019)

eine Mind-Map, die Schaltskizze eines Stromkreises) zu den relevanten Kompetenzerwartungen im Hinblick auf eine naturwissenschaftliche Grundbildung.
Zudem soll vermittelt werden, warum und für welche spezifischen Ziele man fachspezifische Darstellungsweisen wie Diagramme nutzt. Es darf nicht zu dem Automatismus kommen: „Naja, wenn wir eine Tabelle haben, dann müssen wir wohl ein Diagramm zeichnen." Im Unterricht muss besprochen werden, was die Qualität von naturwissenschaftlichen Diagrammen im Sinne der Kompetenz der Erkenntnisgewinnung oder der Kommunikation ausmacht (→ **Kap. 3**).
Mit sprachlichen Registern sind die unterschiedlichen Varianten einer Sprache gemeint, die sich durch ihre Funktion, Wortschatz und grammatikalische Merkmale unterscheiden. Für den Physikunterricht sind die sprachlichen Register Alltags-, Fach- und Bildungssprache bedeutsam. Alle drei haben wichtige Funktionen im Unterricht und ihren jeweiligen didaktischen Ort. Die Förderung von Fach- und Bildungssprache stellt ein wichtiges Ziel des Unterrichts dar.
Die Alltagssprache entlastet die Lernenden besonders, weil sie vertraut ist, insbesondere, wenn sie eine Erfahrung mit einem neuen physikalischen Phänomen machen (z. B. optische Hebung). Sobald sie sich über experimentelle Handlungen und Beobachtungen verständigen wollen und alle Materialien für einen entsprechenden Versuch unmittelbar und gleichzeitig verfügbar sind, dann können sie im Gespräch über das Phänomen direkt auf diese Objekte verweisen: „Wenn ich so

schräg darein gucke, dann geht das nach oben, aber nicht, wenn ich da von hier so reingucke." Die Alltagssprache ist von Mündlichkeit geprägt und ermöglicht, dass z. B. zwei Schülerinnen, wenn sie beim Experimentieren ihre Beobachtungen und ersten Ideen austauschen, sich auf die Objekte unmittelbar beziehen und dabei sprachlich entlasten können.

Wenn die beiden in einer späteren Plenumsphase von ihren Erfahrungen berichten, benötigen sie auch bildungssprachliche Redemittel. Bildungssprache ist von Abstraktheit und Schriftlichkeit geprägt und erleichtert Generalisierungen. Sachverhalte und Beziehungen können, ohne dass die Objekte noch anwesend sein müssen, ausgedrückt werden: „Zuerst haben wir einen langen, geraden Stab schräg in ein fast vollständig mit Wasser gefülltes Glasbecken getaucht. Danach haben wir den Stab erst von der Seite und dann von oben beobachtet." Hier wird eine raumzeitliche Ordnung der experimentellen Handlungen für andere nachvollziehbar dargelegt. Der Text könnte auch Teil eines Versuchsprotokolls sein.

Fachsprache (vgl. Rincke 2010) kommt erst ins Spiel, wenn die Bildungssprache durch präzise, physikspezifische Elemente angereichert werden soll. Daher wird sie eher am Ende von Lernprozessen eingeführt, wenn Erfahrungen mit neuen Phänomenen gemacht und verarbeitet und Vorstellungen dazu bereits thematisiert worden. Physikalische Bedeutungen können dann mit größerer sprachlicher Präzision ausgedrückt werden: „Betrachtet man die Mediengrenze zwischen Wasser und Luft, so wird dort ein von der Luftseite einfallendes Lichtbündel stets zum Lot hin gebrochen." Diese spezifisch physikalischen Redemittel (Mediengrenze, Lichtbündel, zum Lot hin, brechen) können beim exakten Beschreiben, beim Argumentieren und Erklären zunehmend genutzt werden, vorausgesetzt man übt ihren Gebrauch auch nachhaltig ein (vgl. Strunk & Höttecke 2018 zur Gestaltung von Übergängen zwischen Sprachregistern). Fachsprache besteht dabei nicht nur aus Nomen (Kraft, Entropie, Schraubenfeder), sondern auch aus physiktypischen Kollokationen, also festgelegten Wortverbindungen (eine elektrische Spannung fällt ab, Körper wechselwirken), Satzmustern (Je größer die Gewichtskraft, desto länger die Feder.) oder fachtypischen Textsorten (Versuchsprotokoll).

Alltagssprache sollte im Physikunterricht also nicht grundsätzlich abgewertet werden. Bildungs- und Fachsprache zu fördern zielt dagegen stark auf Teilhabe in einer von Wissenschaft bestimmten Welt ab. Daher ist die Förderung sprachlicher Fähigkeiten im Bereich von Bildungs- und Fachsprache für die Förderung dieses Elements einer umfassenden Scientific Literacy wichtig.

Sprache als Lernweg im Physikunterricht nutzen

Oft wird Sprachförderung im Physikunterricht von Lehrkräften darauf reduziert, Nachteile von bestimmten Schülergruppen beim Lernen auszugleichen. Wie oben gezeigt, stehen sprachliche Kompetenzrückstände mit fachlichem Lernen in engem Zusammenhang und das gilt für alle Lernenden. Der Grund: Sprache hat neben der kommunikativen auch eine kognitive Funktion. Drei Beispiele dazu:

Beispiel 1:
Einem Schüler oder einer Schülerin fehlen die Redemittel, um auszudrücken, dass eine elektrische Spannung zwischen den Enden einer Spule induziert wird, wenn sich das Magnetfeld in ihr zeitlich verändert. In dieser Situation bedarf es der sprachlichen Mittel, um über das Verhältnis von Magnetfeld und Induktionsspannung nachzudenken: „Wenn sich das Magnetfeld in der Spule verändert, also zum Beispiel stärker oder schwächer wird, dann wird eine Spannung induziert.“ Das Wenn-dann-Satzmuster drückt aus, dass es eine bestimmte Ursache für das Phänomen gibt und dass die Ursache nicht in einer Größe selbst, sondern in deren zeitlicher Veränderung besteht. Das Satzmuster schließt aber weitere Abhängigkeiten noch gar nicht aus, was ein Wenn-dann-und-nur-dann-Satzmuster täte. Es sind also sprachliche Mittel, die es erst erlauben, bestimmte physikalische Sachverhalte und Zusammenhänge zu denken oder sie hervorzubringen. Das Beispiel zeigt: Sprache hat eine kognitive Funktion für das Lernen.

Beispiel 2:
Im Unterricht werden die Unterschiede zwischen der alltäglichen Bedeutung des Wortes Energie und der Bedeutung des gleichen Wortes im Physikunterricht besprochen. Die Lehrkraft betont: „Eigentlich müsst ihr es euch wie ein Wort mit zwei unterschiedlichen Bedeutungen vorstellen. Zum Beispiel wie bei dem Wort ‚Hahn‘ – das kann ein Tier sein oder der Wasserhahn.“ Eine Schülerin fragt: „Aber ist es dann falsch, die Physikbedeutung zu Hause zu benutzen?“ Eine andere antwortet: „Nein, aber vielleicht versteht dich dann keiner.“ Die Lehrkraft greift die Idee auf: „Genau, beide Bedeutungen haben ihren Sinn. Welche man benutzt, hängt davon ab, mit wem und worüber man genau spricht. Im Physikunterricht lernt ihr eine Bedeutung kennen. Die ist nicht ganz anders, aber eben speziell dafür gemacht, dass man über Physik spricht. Z. B. ist beim physikalischen Wort „Energie“ immer die Abgrenzung zum physikalischen Wort „Kraft“ gleich mitbedacht.“
In Beispiel 2 zeigt sich, dass die Reflexion auf die semantischen und die fachlichen Eigenschaften des Begriffs Energie eng aufeinander bezogen sind. Reflexion über Sprache und fachliches Konzept sind nicht zu trennen. Semantische Vergleiche über Sprachregister hinweg (z. B. Impuls-Schwung) können dazu beitragen, fachliche Bedeutung auszuschärfen und besser zu verstehen.

Beispiel 3:
In einer neunten Klasse werden unterschiedliche Energieformen eingeführt. Bei der chemischen Energie sagt eine Schülerin: „Mein Butterbrot hat also chemische Energie.“ Alle stimmen zu. Ein Schüler hebt ein Gewichtsstück hoch und meint: „Mein Gewicht hat jetzt Lageenergie.“ Die Schülerin entgegnet: „Wenn ich mein Butterbrot esse und verdaue, dann kann ich die chemische Energie in z. B. Bewegungsenergie zum Laufen verwandeln. Das Butterbrot ist dann aber nicht mehr das gleiche. Wenn du dein Gewicht fallen lässt, ist es doch immer noch das gleiche Gewichtsstück. Dein Gewichtsstück kann also gar nichts HABEN! Es ist doch immer noch das gleiche!“ Der Lehrkraft fällt das Gravitationsfeld ein, aber das würde die

Schülerinnen und Schüler jetzt überfordern. Sie versucht eine für späteres Lernen anschlussfähige und sachlich richtige Idee beizusteuern: „Das ist eine kluge Idee. Lageenergie „hat“ ein Körper immer nur in Bezug auf einen Tisch oder den Erdboden.“ Beispiel 3 zeigt, dass auch schon alltagssprachliche Redewendungen Anlass geben können, intensiv über physikalische Sachverhalte nachzudenken. „Kleine Wörter“ können es in sich haben! Die Beispiele zeigen den engen Zusammenhang von Sprache und Denken. Entsprechend können Reflexionen auf Sprache fachliches Verstehen fördern.

Sprachexpliziter Physikunterricht

Im sprachexpliziten Physikunterricht (in der Literatur heißt es manchmal auch sprachsensibel oder sprachförderlich) erfolgen Sprachförderung und -reflexion nicht implizit, sondern transparent und deutlich für alle. Im sprachexpliziten Physikunterricht ...

- kennen Lehrkräfte die sprachlichen Eingangsvoraussetzungen der Lernenden und berücksichtigen die sprachliche Heterogenität der Lerngruppen
- verfolgen Lehrkräfte explizit sprachbezogene Lehr-Lern-Ziele
- werden Schülerinnen und Schüler motiviert, unterschiedliche sprachliche Register zweck-, situations- und adressatenbezogen zu nutzen
- vertrauen Schülerinnen und Schüler darauf, dass Lern- und Leistungssituation getrennt sind (→ **Kap. 16**) und sie auch unfertige Gedanken gefahrlos äußern und dabei mit unterschiedlichen sprachlichen Registern öffentlich üben dürfen
- gestalten und verwenden Lehrkräfte Lehr-Lernmaterialien, die sprachliches und fachliches Lernen integrieren (z. B. eine Filmleiste zur Vorbereitung eines Schülertextes über ein zeitliches Geschehen; → **Kap. 13**)
- gibt es für Schülerinnen und Schüler reichhaltige Gelegenheiten zur Sprachrezeption (z. B. Fachtexte lesen und Lesestrategien einüben, s. nächster Abschn.) und Sprachproduktion (z. B. epistemisches Schreiben)
- setzt die Lehrkraft zahlreiche und auf die jeweilige Lernsituation zugeschnittene Lernimpulse, sog. Scaffolds (z. B. im Klassengespräch: Das ist eine gute Idee. Kannst du sie noch weiter entwickeln?)
- agieren Lehrkräfte als sprachliche Vorbilder
- wertschätzen Lehrkräfte alle sprachlichen Ressourcen und Fähigkeiten der Schülerinnen und Schüler, auch die Herkunftssprachen

Texte im Physikunterricht

Wenn für Lernende Texte verfasst werden, sollen sie möglichst verständlich sein. Schlecht formulierte Texte in Aufgabenstellungen oder Versuchsanleitungen verursachen eine unnötige kognitive Last für die Lernenden. Langer, Schulz v. Thun & Tausch (1993) haben vier Merkmalskomplexe zusammengefasst, die leicht verständliche Texte charakterisieren.

- Einfachheit: Geläufige und anschauliche Ausdrücke kommen in kurzen, einfachen Sätzen vor.
- Gliederung – Ordnung: Zu berücksichtigen sind die äußere Ordnung (Überschriften, Abschnitte) und eine innere

Ordnung. Letztere beinhaltet, dass Informationen in sinnvoller Abfolge angeboten werden. Zusätzlich können Vor- oder Zwischenbemerkungen die inhaltliche Gliederung aufzeigen.
- Kürze – Prägnanz: Positiv sind Knappheit und hoher Informationswert ohne leere Phrasen und Weitschweifigkeiten.
- Anregende Zusätze: Dazu gehören Beispiele, Einbettung einer Aussage in eine Episode, direkte Rede, Humor, Spannung.

Texte bieten die Informationen anders als Bilder sequentiell an. Verständlichkeit setzt somit voraus, dass notwendige Vor- und Zusatzinformationen im Text rechtzeitig und in der entsprechenden Abfolge angeboten werden. Sogenannte Kohäsionsmittel erlauben sprachliche Verknüpfungen im Text (Pronomen, kausale Verknüpfungen wie „weil", „deshalb", Konjunktionen und Adverbien). Wenn Bilder die Texte ergänzen, sollten sie nicht etwas präsentieren, was im Text nicht wieder aufgegriffen wird. Sie sollten aber auch nicht die gleiche Information des Textes wiederholen. Die Verknüpfung von Text und Bild sollte möglichst deutlich sein. Dies betrifft z. B. den Ort des Bildes auf einem Arbeitsblatt oder die einheitliche Verwendung von Zeichen und Symbolen im Text und im Bild. Auch die äußere Gestaltung kann die Lesbarkeit entscheidend beeinflussen. Verarbeitungshilfen wie vorangestellte Orientierungshinweise („advance organizer"), Randbemerkungen, explizite Zielvorgaben, Aufgaben, Zusammenfassungen und Fragen zum Text sind sinnvoll.

Kompetenzen zur Rezeption von Fachtexten stellen ein wichtiges Unterrichtsziel dar. Zur Unterstützung der Rezeption von Lehrtexten können Aufgaben zur Bearbeitung mit angegeben oder auch explizite Lesestrategien (Beerenwinkel et al. 2014) trainiert werden:
- Textbegegnung: einen Text zunächst überfliegen und sich über erste Eindrücke austauschen, dabei Vorwissen aktivieren
- Textbearbeitung: beim zweiten Lesen Textpassagen markieren, dabei Hauptideen und grundlegende Aussagen herausarbeiten und in eigene Worte fassen, schwer verständliche Passagen markieren, Fragen dazu formulieren und anschließend mit dem Partner oder der Partnerin besprechen (evtl. Fachtermini als Anknüpfungspunkte wählen), Unklarheiten klären, Textteile zueinander in Bezug setzen
- Textverarbeitung: das Textverständnis zunehmend aufbauen, indem Textteile miteinander verbunden werden, dabei Kausalzusammenhänge, Gesetzmäßigkeiten, Ursache-Wirkungs-Ketten und Rahmenbedingungen in Stichworten, Begriffsnetzen oder Mindmaps herausstellen
- Textverständnis prüfen: sich über den gesamten Text austauschen, Textverständnis vertiefen und dabei immer wieder Bezüge zum Text selbst herstellen
- Textverständnis nutzen: den Text für Aufgaben und Problemlösungen nutzen: Informationen im Hinblick auf eine konkrete Problemstellung strukturieren und auf ein gegebenes Beispiel anwenden.

Literatur zur Vertiefung

Beerenwinkel, A., & Hefti, C., Lindauer, T., & Schmellentin, C. (2014). Informationsdichte Texte – Wie lassen sie sich im naturwissenschaftlichen Unterricht gewinnbringend einsetzen? MNU, 67/4, 228–234.
Es wird eine Schrittfolge einer Lesestrategie auch für physikalische Sachtexte vorgestellt.

Härtig, H., Bernholt, S., Prechtl, H., & Retelsdorf, J. (2015). Unterrichtssprache im Fachunterricht – Stand der Forschung und Forschungsperspektiven am Beispiel des Textverständnisses. Zeitschrift für Didaktik der Naturwissenschaften, 21(1), 55–67.
Unterschiedliche sprachliche Register lassen sich gar nicht genau voneinander abtrennen und stehen auch im Physikunterricht in Beziehung miteinander.

Höttecke, D. (2017b). Naturwissenschaft und Sprache. In U. Gebhard, D. Höttecke & M. Rehm (Hrsg.), Pädagogik der Naturwissenschaften (S. 107–124). Springer VS.
Breit angelegte Einführung mit Bezügen und Beispielen zu den naturwissenschaftlichen Fächern.

Rincke, K. (2010). Alltagssprache, Fachsprache und ihre besondere Bedeutung für das Lernen. Zeitschrift für Didaktik der Naturwissenschaften, 16, 235 – 260.
Klärung der Merkmale von Fachsprache. Es wird deutlich, dass auch Alltagssprache für das Physiklernen einen hohen Stellenwert hat.

Strunk, N. & Höttecke, D. (2018). Von der Alltags- zur Bildungssprache. Übergänge im Physikunterricht gestalten. Unterricht Physik, 165/166, 20 – 24.
Es wird vorgestellt, in welcher Schrittfolge man im Physikunterricht von der Alltags- zur Bildungs- und Fachsprache kommen kann.

9. Elementarisierung

Komplizierte Sachverhalte mit vielschichtigen Abhängigkeiten zu vermitteln, verlangt eine Konzentration auf Wesentliches, eine Vereinfachung und eine Unterteilung des Stoffes in adressatengerechte Sinneinheiten und Lernschritte. Dies sind Kernpunkte der Elementarisierung. Je nach Inhalt und Unterrichtssituation treten unterschiedliche Aspekte in den Vordergrund. Ziel und Rahmenbedingungen des Unterrichts begründen unterschiedliche Schwerpunkte bei der Elementarisierung. Dazu gehören:
- Vereinfachung (didaktische Reduktion);
- Bestimmung des zentralen Kerns eines Themenbereichs (inhaltliche Elementarisierung);
- Bestimmen elementarer Sinneinheiten und Verständniselemente (begriffliche Elementarisierung);
- Zerlegung in methodische Elemente (methodische Elementarisierung).

Dabei ist die Elementarisierung keine isolierte Maßnahme, die an einzelnen Begriffen oder Phänomenen ansetzt. Sie sollte in ein übergeordnetes Konzept integriert sein, das den physikalischen Sachverhalt und die Lernvoraussetzungen und Lernwege der Schülerinnen und Schüler gleichermaßen berücksichtigt. Einen Rahmen dafür bietet die didaktische Rekonstruktion (siehe unten).

Elementarisierung als Vereinfachung (didaktische Reduktion)

Eine Anpassung an die Verarbeitungskapazität und die kognitiven Fähigkeiten der Lernenden erfordert bei vielen Inhalten zunächst eine Reduktion der Komplexität und eine Absenkung des fachlichen Anspruchsniveaus gegenüber Darstellungen, wie man sie in einführenden universitären Lehrbüchern findet. Die Vereinfachung kann Begriffe, Theorien, Modelle, Prinzipien, Zusammenhänge, aber auch Methoden, Denk- und Arbeitsweisen der Physik betreffen. Verschiedene Verfahren zur Vereinfachung sind:
- Beschränkung auf Phänomene oder experimentelle Ergebnisse: Ausgangspunkt sind Phänomene oder geprüfte Regeln (z. B. gleichnamige Ladungen stoßen sich ab, ungleichnamige Ladungen ziehen sich an). Eine weitergehende Erklärung wird nicht bzw. kann (noch) nicht gegeben werden.
- Beschränkung auf zielrelevante Aspekte: Bei Betrachtungen zur Leitfähigkeit verschiedener Materialien wird auch die Supraleitung genannt. Dabei wird als Charakteristik der Supraleitung nur das Verschwinden des elektrischen Widerstandes herausgestellt. Nicht behandelt wird hingegen der Meißner-Ochsenfeld-Effekt.
- Beschränkung auf qualitative Aussagen: „Damit eine Wippe ins Gleichgewicht kommt, muss sich das leichtere Kind weiter entfernt vom Drehpunkt setzen als das schwerere." Diese Feststellung kann der Ausgangspunkt für weiterführende Betrachtungen zum Hebelgesetz und zu Drehmomenten sein.
- Beschränkung auf Musterbeispiele: Die mechanische Energieerhaltung wird experimentell am Fadenpendel, dann am Galileipendel behandelt. Das Vorgehen folgt dem Prinzip: Vom Beispiel zum Allgemeinen. Eine Beschränkung nur auf Sonderfälle macht

allerdings eine allgemeine Einordnung von Problemstellungen schwer und der breite Überblick fehlt.

- Beschränkung auf Prinzipien bzw. allgemeine Regeln: „Feste Körper und Flüssigkeiten dehnen sich bei Erwärmung aus." In diesem Fall ist das Verhalten von Wasser und Eis als Ausnahme unbedingt zu nennen, um falsche Folgerungen bei vielen praktischen Fragestellungen zu vermeiden. Allgemein sind die Grenzen von Gesetzmäßigkeiten mit zu betrachten, um eine mangelnde Differenzierungsfähigkeit bei Problemstellungen zu vermeiden.
- Vernachlässigung von untergeordneten Einflussgrößen: Ein übliches Beispiel bei der Behandlung von Bewegungen ist die Vernachlässigung von Reibung oder die Betrachtung von Massenpunkten. Auch hier sind die jeweiligen Grenzen zu beachten, z. B. bei der Rollbewegung ausgedehnter Körper.
- Veranschaulichende Darstellungen und angemessene Repräsentationen wählen (→ **Kap.15**). In Anlehnung an das Grundmuster von Bruner (1970) lassen sich Sachverhalte enaktiv (handlungsorientiert mit direkter Sachbegegnung), ikonisch (bildhaft, grafisch) und symbolisch (durch abstrakte Zeichen und Symbole) vermitteln.

Bestimmung des physikalisch Elementaren (inhaltliche Elementarisierung)

Hier geht es um eine begründete Auswahl von grundlegenden Aussagen und Phänomenen der Physik. Herauszuarbeiten sind die physikalisch fundamentalen Grundideen eines Themas sowie elementares Wissen und Können, das ein physikalisches Verständnis unserer Welt erschließt und es möglich macht, Probleme zu lösen. Dazu gehören auch Sachverhalte, die prototypisch für physikalische Grundkonzepte sind (z. B. Interferenzphänomene oder die quantisierte Energieemission und -absorption). Die Bestimmung des physikalisch Elementaren verlangt eine fachdidaktische Analyse der Sachstruktur. Das physikalisch Elementare kann z. B. in allgemeinen Gesetzmäßigkeiten formuliert sein (Gravitationsgesetz mit $1/r^2$-Abhängigkeit). Ein Beispiel für elementare Begriffe sind „träge" und „schwere" Masse.

Fachlich relevante Elemente sind nicht unabhängig von den Zielsetzungen im Unterricht auszuweisen. Beim Thema „Sehen" sind aus physikalischer Sicht die Grundlagen optischer Abbildungen elementar. Wird das Thema im Unterricht fächerübergreifend behandelt, müssen ebenfalls elementare Aspekte aus der Biologie (Sinneswahrnehmung und physiologische Reizübertragung) oder die chemischen Reaktionen in den Sinneszellen berücksichtigt werden. Außerdem muss der Schwierigkeitsgrad der Aussagen auf das Leistungsniveau der Lernenden abgestimmt werden. Insofern sind fachliche Elementarisierung und Vereinfachung für den Unterricht nicht einfach zu trennen.

Elementare Sinneinheiten und Verständniselemente ausweisen (begriffliche Elementarisierung)

Hier geht es um den Aufbau modular verwendbarer Wissensbausteine, d. h. kleiner konsistenter Sinneinheiten. Sie bilden die Bausteine für komplexere Inhalte und Anwendungen. Für das Verständnis und die fachliche Kommunikation ist die Entwicklung adäquater Begriffe und Sinneinheiten grundlegend. Beispielsweise sollte für ein Verständnis der Arbeitsweise des Transistors sein Aufbau aus einzelnen Halbleiterschichten und die Dotierung von Halbleitern bekannt sein. Wird der Transistor später als elektronisches Bauelement verwendet, wird nur noch in Grenzfällen detailliert über seinen Aufbau nachgedacht. Ein Flipflop ist dann eine spezielle Transistorschaltung. (Für einen Elektroniker ist dies ein Modul, das er in seinen Überlegungen nicht jeweils neu aufbauen muss.) Aus mehreren Flipflops lässt sich weiter ein Datenspeicher konstruieren.

Lernpsychologisch gesehen geht es um die Konstruktion von sog. „Chunks", d. h. zusammenfassenden Sinneinheiten. Sie können zwar im Geist auch wieder zerlegt werden, sind aber vor allem als modulare Bausteine für weitere Anwendungen verwendbar.

Für ein anwendbares Wissen (im Unterschied zum „trägen" Wissen) ist der Aufbau von modularen, flexibel auf neue Situationen übertragbaren Verständniseinheiten in der Physik wichtig.

Zerlegung in elementare Lernschritte (methodische Elementarisierung)

Nur sehr einfache Unterrichtsziele sind in einem Anlauf zu erreichen. In der Regel muss neues Wissen Schritt für Schritt aufgebaut und mit bestehenden kognitiven Strukturen vernetzt werden (→ **Kap. 4**). Bei komplexen Inhalten muss der Zugriff auf entsprechend grundlegende Vorkenntnisse und Fertigkeiten möglich sein. Notwendige Kompetenzen für die Arbeit an weiterführenden Themen müssen in einer aufbauenden Reihenfolge erworben

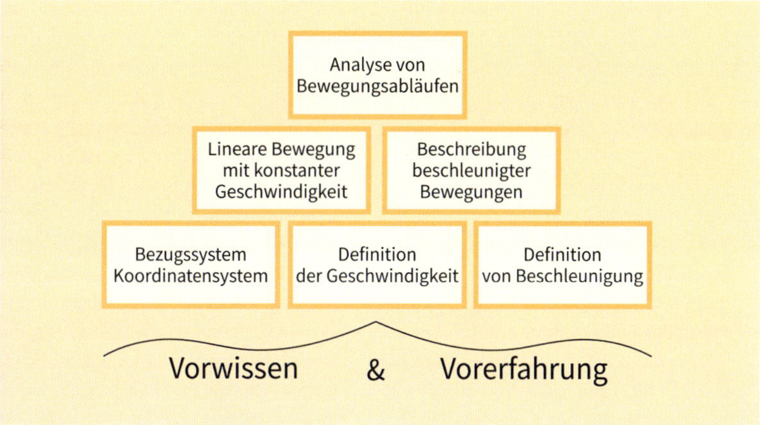

Abb. 9.1: Aufbau einer Wissensstruktur

werden. Für eine kinematische Analyse komplexerer linearer Bewegungen (z. B. beim Bungee-Jumping) müssen zuvor u. a. die Konzepte der Momentangeschwindigkeit und der Beschleunigung vertraut gemacht und auf einfachere Bewegungsvorgänge angewendet worden sein. Ein Blick in verschiedene Schulbücher zeigt schnell, wie unterschiedlich die Abfolge einzelner Betrachtungen oder auch Experimente sein kann. Entscheidend ist die innere Konsistenz: Sind alle für einen anstehenden Lernschritt notwendigen Wissenselemente (Begriffe, Gesetze, Methoden), die nicht neu eingeführt werden, im vorangehenden Unterricht wirklich berücksichtigt worden? Oft werden auch bereits eingeführte Wissenselemente immer wieder wiederholt und vertieft werden.

Kriterien für eine Elementarisierung

Bei der Vielfalt physikalischer Themen kann es kein allgemeingültiges, detailliertes Rezept zur Elementarisierung geben. Dafür ist Lernen zu stark personen- und inhaltsgebunden. Allerdings lassen sich einige übergeordnete Kriterien formulieren: Elementarisierung muss *fachgerecht*, *schülergerecht* und *zielgerecht* sein (Kircher und Girwidz, 2020).

Fachgerechtheit

- Vereinfachungen dürfen nicht grundlegend falsche Vorstellungen nahelegen (→ **Kap. 5**).
- Sie dürfen zudem keine durch Über-Vereinfachung entstandenen fachlichen Fehler enthalten und zu keiner falschen Darstellung physikalischer Sachverhalte führen. Beispielsweise kann die Funktionsweise des Auges nur sehr eingeschränkt auf der optischen Bank oder mit einem Fotoapparat gezeigt werden. Beim Fotoapparat erfolgt die Entfernungseinstellung über den Abstand zwischen Linse und Sichtschirm, während beim Auge die Krümmung der Linse verändert wird.
- Jede didaktische Reduktion lässt zwangsläufig bestimmte Einflussfaktoren unberücksichtigt. (Beispiel: Vernachlässigung der Rotationsenergie der Räder eines Wagens bei einem Fahrbahnexperiment). Entscheidend ist die fachliche Relevanz für die aktuelle Aufgabenstellung. Ein Hinweis auf die Grenzen einer Vereinfachung ist allemal sinnvoll, wenn auch nicht unbedingt in den ersten Lernphasen.

Anschlussfähigkeit

- Das Erlernte soll ausbaubar und weiter entwickelbar sein (z. B. im Rahmen eines Spiralcurriculums). Beispielsweise erweist sich die Idee, dass Licht an Gegenständen gestreut wird, hilfreich dabei, das Sehen verschiedenfarbiger Körper zu vermitteln. Ein späteres Umlernen soll vermieden werden. So behindert z. B. die Vorstellung diskreter Bahnen im Bohr'schen Atommodell ein nachfolgend einzuführendes Grundverständnis eines quantenmechanischen Atommodells.
- Auf erlerntes Wissen soll später zurückgegriffen werden können. Abgerundete Wissensbausteine sollen entstehen, die vernetzbar sind und modular in Problemlösephasen und Lernaufgaben eingesetzt werden können.

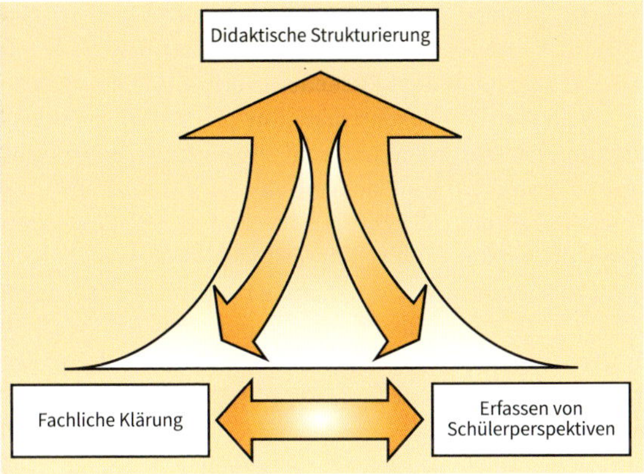

Abb. 9.2: Das fachdidaktische Triplet (nach Kattman et al., 1997)

Schülergemäßheit

- Zu berücksichtigen ist das Vorwissen. An individuelle Vorerfahrungen soll angeknüpft werden. Das umfasst auch affektive und emotionale Aspekte, z. B. die Interessen der Schülerinnen und Schüler (→ **Kap. 7**)
- Schülervorstellungen und damit verbundene Verständnishürden sind zu berücksichtigen (→ **Kap. 5** u. → **Kap. 6**).
- Beim Abstraktionsgrad muss der kognitive Entwicklungsstand der Lernenden berücksichtigt werden. Können die Schülerinnen und Schüler bereits mehrere z. T. gegenläufige Einflussfaktoren gleichzeitig bedenken, wie sie etwa beim Widerstand eines Leiters zu beachten sind?
- Die Informationen müssen für die Adressaten erfassbar sein. Dazu gehört eine angemessene Sprache (→ **Kap. 8**) und der Einsatz von Illustrationen (→ **Kap. 15**), die auf die Aufnahmekapazität und die Kommunikationsgewohnheiten der Adressaten abgestimmt sind.

Didaktische Rekonstruktion

Das Modell der didaktischen Rekonstruktion nach Kattmann et al. (1997) bietet einen theoretischen Rahmen zur fachdidaktischen Strukturierung eines Unterrichtsgegenstands. **Abbildung 9.2** zeigt im unteren Teil das Wechselspiel zwischen innerfachlicher und fachdidaktischer Perspektive auf einen Sachverhalt: „Aus fachdidaktischer Perspektive wird der wissenschaftliche Gegenstand in seinen bedeutsamen Bezügen wiederhergestellt, und es wird durch Rückbezug auf die verfügbaren Schülervorstellungen ein Unterrichtsgegenstand konstruiert." (Kattmann et al., 1997, S. 4)

Die Teilaufgaben bei der didaktischen Rekonstruktion verlangen die enge Abstimmung dreier Faktoren (**Abb. 9.2**):

- *Fachliche Klärung* mit Fragen nach wesentlichen fachlichen Aussagen und ihren Grenzen, der Genese, Funktion und Bedeutung fachlicher Begriffe und ihr Kontext (inhaltliche und begriffliche Elementarisierung). Abzuklären

ist auch, welche Fachwörter lernhinderliche bzw. lernförderliche Vorstellungen nahelegen (*Fachgerechtheit*).
- Berücksichtigung von *Schülervorstellungen* zu einem bestimmten Thema, Bedeutungszuordnungen zu zentralen Fachwörtern und die Frage, ob die Vorstellungen aus lebensweltlichen oder fachorientierten Kontexten stammen (*Schülergemäßheit*).
- *Didaktische Strukturierung* mit dem Ziel, die Sachstruktur, die Lernendenfaktoren, methodisches und didaktisches Wissen zusammenzuführen. Dabei kommt den Anknüpfungspunkten zwischen den Schülervorstellungen und den wissenschaftlichen Konzepten besondere Bedeutung zu.

Umgesetzt wurde das Modell der didaktischen Rekonstruktion z. B. für die Behandlung der nichtlinearen Physik (Chaostheorie) in der 10. Jahrgangsstufe (Duit & Komorek, 2000).

Fazit

Am Modell der didaktischen Rekonstruktion wird deutlich, dass Elementarisierung kein isolierter Prozess im Unterricht sein kann. Vielmehr sind Zielsetzungen, verschiedene Rahmenbedingungen und längerfristige Auswirkungen auf den Unterrichtsgang zu berücksichtigen (Stichwort Anschlussfähigkeit).

Die in diesem Kapitel beschriebenen Kriterien können bei Elementarisierungen oft nicht alle gleichermaßen erfüllt werden. Die Abwägung zwischen fachlich (noch) zulässiger Vereinfachung und Schülergemäßheit ist häufig schwierig. Wenn man eine physikalische Darstellung fachlich absolut „wasserdicht" macht, wird sie schnell so formal, dass Lernende keinen Zugang mehr dazu finden. Elementarisierung und didaktische Rekonstruktion erfordern fachlich souveräne und schülerorientierte Lehrkräfte, die Sachverhalte abgestimmt auf den Verständnishorizont von Schülerinnen und Schülern elementarisieren können. Wie weit man dabei gehen kann, zeigen Bücher angesehener Physiker, wie z. B. Feynmans „seltsame Theorie des Lichts und der Materie" (1988).

Literatur zur Vertiefung

Wilhelm, T. (Hrsg.). (2018). Stolpersteine überwinden im Physikunterricht. Anregungen zu fachgerechten Elementarisierungen. Aulis.
Zu zahlreichen Themen des Physikunterrichts werden missverständliche oder lernhinderliche Elementarisierungen aufgezeigt und Alternativen vorgestellt.

Kattmann, U., Duit, R., Gropengießer, H. & Komorek, M. (1997). Das Modell der Didaktischen Rekonstruktion – Ein Rahmen für naturwissenschaftsdidaktische Forschung und Entwicklung. Zeitschrift für Didaktik der Naturwissenschaften, 3, 3–18.
In dem Aufsatz wird das Modell grundlegend vorgestellt.

Duit, R. & Komorek, M. (2000): Die eingeschränkte Vorhersagbarkeit chaotischer Systeme verstehen. MNU, 53, 94–103.
In diesem grundlegenden Artikel wird das Modell der Didaktischen Rekonstruktion zur Diskussion gestellt. Die fachlichen Vorstellungen, wie sie in Lehrbüchern und anderen wissenschaftlichen Quellen dargestellt sind, werden mit Schülerperspektiven so in Beziehung gesetzt, dass daraus ein Unterrichtsgegenstand entwickelt werden kann.

10. Unterrichtskonzeptionen

Unter Unterrichtskonzeptionen werden hier Großformen und Gesamtorientierungen des Physikunterrichts verstanden. Sie prägen sein Erscheinungsbild dadurch, dass auf Seiten der Unterrichtsinhalte bestimmte Sachstrukturen und Fachmethoden dominieren und auf Seiten der Organisation und Gestaltung des Unterrichts bestimmte Artikulationsmuster, Sozialformen, Methoden (→ **Kap. 11**) und Methodenwerkzeuge (→ **Kap. 13**) charakteristisch sind. Unterrichtskonzeptionen beruhen auf Vorstellungen über Ziele und Aufgaben des Physikunterrichts (→ **Kap. 2**). Trotz aller Diskussion um Unterrichtsinnovationen werden in der Unterrichtspraxis eher lang tradierte Konzeptionen eingesetzt, die mit ebenso tradierten Vorstellungen vom Lehren und Lernen einhergehen. Physiklehrende handeln im Unterricht unter Zeit-, Ergebnis- und Handlungsdruck und greifen dabei auf Planungs- und Handlungsmuster zurück, die sie bereits in ihrer eigenen Schulzeit selbst (zumeist positiv) erfahren und mit entsprechender Selbstverständlichkeit verinnerlicht haben. Es ist daher wichtig, die eigenen „heimlichen" Konzeptionen von Unterricht zu hinterfragen.

Der Verlauf einer Physikunterrichtsstunde entspricht in der Regel einem einfachen Erarbeitungsmuster, das nach einem kurzen, motivational intendierten Einstieg einen Demonstrationsversuch, ein anschließendes fragend-entwickelndes Unterrichtsgespräch und eine Sicherungsphase umfasst. Alternativ steht ein zumeist durch Arbeitsblätter stark vorstrukturierter Schülerversuch im Zentrum, der die Lernenden zumindest äußerlich aktiviert und auf eine lehrergelenkte Auswertungsphase hinausläuft. Derartige Unterrichtskonzepte zielen vorrangig auf die Vermittlung von Fachwissen, während andere Kompetenzbereiche (Erkenntnisgewinnung, Kommunikation, Bewertung; → **Kap. 3**) in dieses Schema kaum eingebettet sind. Für Physiklehrende lohnt es sich, die eigenen Konzeptionen bewusst zu machen, damit diese hinterfragt werden können und die „Klaviatur" verschiedener Konzeptionen des Physikunterrichts überhaupt „spielbar" wird.

Reflexionsfragen zu den „heimlichen" Unterrichtskonzeptionen:

- Denke ich beim Planen des Physikunterrichts eher daran, welcher Stoff „dran" ist und wie er „durchgenommen" wird oder wie ich Lernprozesse gestalten kann?
- Wie sieht „typischer" Physikunterricht aus? Wie sieht er bei mir aus?
- Welche Argumente sprechen für meinen „typischen" Physikunterricht, welche dagegen?
- Was müsste an den unterrichtlichen Rahmenbedingungen in meiner Schule geändert werden, damit mein Unterricht variantenreicher wird?
- Wie kann ich meinen Physikunterricht auch unter den gegebenen Rahmenbedingungen variieren?
- Welche Rolle spielen Klassengespräche in meinem Unterricht? Nehme ich die Lernenden als Partnerinnen und Partner ernst? Gestalten sie den Gesprächsverlauf mit?
- Befassen wir uns in meinem Physikunterricht mit „echten" Fragen oder stehen die Antworten immer schon fest?

- Denken die Lernenden in meinem Unterricht tatsächlich über Physik nach, wenn sie äußerlich aktiv sind (z. B. beim Experimentieren)?

Befunde zu praktizierten Unterrichtskonzepten

Aus Video-Studien (Reyer, Trendel & Fischer, 2004, Seidel & Prenzel, 2004, Tesch & Duit, 2004) wissen wir, dass Physikunterricht typische Ablaufschemata aufweist, die stark routiniert sind und sich entsprechend häufig wiederholen. Diese Muster werden als Unterrichtsskripte bezeichnet. Das nach diesen Studien am meisten verbreitete Skript zeichnet sich durch einen hohen Anteil an fragend-entwickelnden Unterrichtsgesprächen aus. Ursprünglich war mit dieser Methode intendiert, Lernprozesse durch geschickte Lehrerfragen anzuregen. In der Praxis wird damit allerdings der Anteil des Klassengesprächs gegenüber anderen Gesprächs- und Sozialformen unverhältnismäßig hoch. Hierbei werden die Lernenden oft auf die Funktion von Stichwortgebenden reduziert oder ergänzen im extremen Fall sogar nur die „Lückentexte" der Lehrenden (L.: „Und diese Strahlung nennt man ..., na?" S.: „Ionisierende Strahlung." L.: „Ja ganz genau!"). Dieses Ablaufmuster dient vor allem dem (durchaus begründeten) Interesse der Lehrenden nach einem reibungslosen und flüssigen Unterrichtsverlauf. Es birgt aber die Gefahr einer Selbsttäuschung, wenn die Lehrkräfte davon ausgehen, alle Schülerinnen und Schüler seien kognitiv aktiv beteiligt und die gewünschten Lernprozesse würden tatsächlich ablaufen. Dem Unterrichtsgespräch kann außerdem eine Disziplinierungsfunktion zukommen, die von den Lernenden auch so wahrgenommen wird. Es geht dann nicht mehr um eigenständiges Nachdenken, sondern darum, nicht negativ aufzufallen und leistungsbereit zu erscheinen. Daneben besteht die Gefahr, dass sich im „Klassen"-Gespräch wieder einmal nur die fünf Notenbesten ausgiebig mit der Lehrkraft unterhalten haben. Kleinschrittig geführte Klassengespräche lassen den Lernenden kaum Spielraum für eigenständige Planungs-, Denk- und Argumentationsprozesse. Sie forcieren den im Verlauf der Sekundarstufe I einsetzenden Verlust des Fachinteresses (→ **Kap. 7**). Schließlich ist der Grad an kognitiver Aktivierung und Selbsttätigkeit der Lernenden gering. Ebenso gering ist das Gefühl der Lernenden, den Unterricht aktiv mitbestimmen zu dürfen, Verantwortung für die Lernsituation zu übernehmen und damit den Physikunterricht und den eigenen Lernprozess auch zur eigenen Sache machen zu dürfen. Folgenschwer für das Erleben von Klassengesprächen seitens der Lernenden ist dabei auch die dauernde Vermischung von Lern- und Leistungssituation (→ **Kap. 16**). Ein weiteres häufig anzutreffendes Skript zeichnet sich durch einen hohen Anteil an Schüleraktivität, zumeist in Schülerversuchen aus. Dabei sind die Schülerversuche in der Regel kleinschrittig angeleitet und lassen kaum Spielräume für anspruchsvolles kognitives und instrumentelles Lernen. Demgegenüber zeichnet die Forschung (Tesch & Duit, 2004) das Bild, dass Versuche nur dann lernwirksam sind, wenn sie durch intensive Vor- und Nachbereitungsphasen sinnvoll in den Unterricht eingebettet sind. Schülerversuche sichern weder per se ein ausreichendes Maß an Schülerorientierung noch die erfolgreiche Initiierung von Lernprozessen; ihre potenziell motivierende Funktion ist aber unbenommen.

Was bedeutet das für den Unterricht?

Es gibt Hinweise für die Gestaltung lernwirksamen naturwissenschaftlichen Unterrichts, an denen sich Konzeptionen des Physikunterrichts messen lassen. Danach werden Lernprozesse unterstützt, wenn ...

- den Lernenden Unterrichtsziele, auch Teilziele bezogen auf Lehrer- oder Schülerversuche, klar sind;
- den Lernenden das zentrale Thema oder Problem und der Unterrichtsgang klar sind. Sie wissen möglichst, in welcher Unterrichtsphase sie sich gerade befinden und wie Phasen zusammenhängen;
- metakognitive Fragen aufgeworfen und erörtert werden (Warum wissen wir, dass ...? Wie beurteilen wir die Güte der Daten? Warum widersprechen sich die Daten verschiedener Gruppen? Wieso erklären wir die Daten so und nicht anders? etc.);
- die Funktionen von Versuchen als Medien (→ **Kap. 15**); der Darstellung von Phänomenen und Gesetzen einerseits und Experimenten als Erkenntnismethode andererseits getrennt werden (→ **Kap. 14**);
- bei der Einführung physikalischer Konzepte das Vorwissen, die Schülervorstellungen und typische Lernschwierigkeiten berücksichtigt werden (→ **Kap. 6, 7**);
- Unterricht am Lernen und nicht an der Stoffbewältigung orientiert ist;
- Methoden und Inhalte kognitiv aktivierend sind;
- Methoden und Inhalte in Bezug auf Lern- und Leistungsniveaus, Interessen und Lernwege differenziert werden;
- Individuelle Förderung möglich ist und Feedback gegeben wird;
- die Verantwortungsübernahme der Lernenden für den Unterricht und das eigene Lernen gefördert wird;
- Kommunikationsprozesse konstruktiv für Lernprozesse sind, Gespräche verständigungsorientiert, weniger fakten- (Was wissen wir?) und mehr prozessorientiert sind (Wie wissen wir?);
- Wissensinhalte nicht isoliert erlernt, sondern vertikal und horizontal vernetzt werden;
- Lern- und Leistungssituation voneinander getrennt sind (→ **Kap. 16**);
- ein freundliches Lernklima besteht und Lernende vertrauensvoll eigene Lernschwierigkeiten und vorläufige physikalische Ideen frei äußern, damit sie den Lernprozess selbst antreiben.

Im Folgenden wird eine Auswahl an Konzeptionen vorgestellt, die für den Physikunterricht im besonderen Maße relevant sind. Die Wahl einer Unterrichtskonzeption muss immer darauf ausgerichtet sein, knappe Unterrichtszeit effektiv zu nutzen. Es geht darum, in der Gesamtfolge eines Unterrichtsgangs die jeweils geeignete Konzeption oder auch Kombinationen daraus auszuwählen. Es können z. B. lehrgangsorientierte Abschnitte (s. u.) und forschendes Lernen sinnvoll aufeinander folgen. So kann durch einen klar vorstrukturierten, auf Fachwissen ausgerichteten

Unterricht in einem Themenbereich Platz für selbstorganisiertes Lernen im folgenden Bereich geschaffen werden, um dort experimentelle Methoden der Erkenntnisgewinnung zu vertiefen. Allerdings sind konzeptionelle und methodische Vielfalt allein kein Rezept für gelingende Lernprozesse, aber eine wichtige Voraussetzung.

Lehrgangsorientierter Physikunterricht

Die im Physikunterricht besonders häufig praktizierte Konzeption ist der Lehrgang. Ein möglichst klar strukturierter und vorgegebener Kanon an Inhalten und Kompetenzen wird nach fachlichen Problem- und Sachzusammenhängen gegliedert und schrittweise vermittelt. In der Oberstufe wird von Kursen gesprochen und damit die zeitliche und thematische Abgeschlossenheit betont. Ein Lehrgang über Optik könnte z. B. mit den Eigenschaften des Lichts (geradlinige Lichtausbreitung), einem Sender-Strahlung-Empfänger-Modell des Sehens und der Einführung von Fachbegriffen (Lichtbündel, Reflexion, Streuung) beginnen und mit der Erklärung optischer Instrumente enden. Ein Vorteil des Lehrgangs besteht darin, dass die Unterrichtsgestaltung nach sachlogischen Gesichtspunkten erfolgen kann. Lehr- und Lernmaterialien können leicht an die Lehrgangsstruktur angepasst werden. Schulbücher sind in der Regel ebenfalls lehrgangsartig aufgebaut, sodass es den Lehrkräften leichtfällt, ihren Unterricht danach zu strukturieren und Aufgaben zur Vor- und Nachbereitung zu stellen. Aus Sicht der Lernenden besteht ein Vorteil der starken inhaltlichen Strukturierung in ihrer hohen Transparenz. Ein faktischer Nachteil besteht darin, dass in der Regel kaum Unterrichtszeit darauf verwendet wird, die Fragen und Interessen der Lernenden zu berücksichtigen. Außerdem ist ein Lehrgang, der sich rein an einer Sachlogik ausrichtet, nicht zugleich an den Interessen und Lernvoraussetzungen der Schülerinnen und Schüler orientiert. Überlegungen zur Unterstützung von Lernprozessen sollten aber gegenüber der Darstellung einer Sachlogik Priorität haben.

Offener Physikunterricht

Die Idee des offenen (Physik-)Unterrichts geht auf die Reformpädagogik zurück. Vordergründiges Ziel ist die Förderung selbstgesteuerten, selbstverantwortlichen und aktiven Handelns, Lernens und Arbeitens. Dies bedeutet, dass die Lernenden in hohem Maße an Planungsentscheidungen beteiligt sind, insofern ähnelt der Unterricht anspruchsvollen Prozessen in der Arbeitswelt. Die Offenheit kann sich dabei sowohl auf die Wahl der Lerninhalte und -methoden, der Medien oder der äußeren Lehr-Lernorganisation (mit wem wird gelernt, wie lange, wann und wo?) beziehen. Lernprozesse und -ziele werden damit stark individualisierbar und können je nach Relevanz aus Lernerperspektive variieren. Offenheit kann aber auch Angst und Überforderung auf Seiten der Lehrenden und Lernenden auslösen. Daher sollten entsprechende Konzeptionen eingeübt und reflektiert werden. Phasen offenen Physikunterrichts erfordern darüber hinaus eine ausreichende inhaltsbezogene und (arbeits-)methodische Wissensbasis bei den Schülerinnen und Schülern.

Die Begriffe Offenheit und Geschlossenheit sollten nicht als starre Pole, sondern als zu verbindende Gestaltungsmerkmale von Physikunterricht verstanden werden. In der Unterrichtspraxis müssen Lehrplananforderungen und Offenheit immer wieder neu ausbalanciert werden. Je höher Selbststeuerung und Selbstverantwortung gewichtet werden, desto bedeutsamer wird auch die Öffnung des Physikunterrichts. In der Praxis sollten Phasen offenen Unterrichts mit Phasen eher geschlossenen Unterrichts gut verzahnt werden, z. B. indem während lehrgangsorientiertem Physikunterricht mit den Lernenden gemeinsam Fragen, Probleme und Lerninhalte für folgende offene Phasen festgelegt werden. Lehrkräfte, die offenen Physikunterricht gestalten wollen, müssen bereit und in der Lage sein, langfristig und vorausschauend zu planen, den Lernenden ein hohes Maß an Vertrauen in die Leistungsfähigkeit und -bereitschaft entgegenbringen, und sich selbst während des Unterrichts stärker als üblich auf Moderation, Beratung und Diagnose konzentrieren. Wenn Lernende einen physikalisch nicht sinnvollen Ansatz verfolgen, dann sind Lehrende herausgefordert, nicht gleich in die laufenden Arbeitsprozesse einzugreifen. Sie müssen darauf vertrauen, dass die Lernenden Probleme selbst erkennen und (ggf. mit ihrer Beratung und lernunterstützenden Lehrerimpulsen, sog. Scaffolds) selbst lösen können. Das stellt hohe Ansprüche an Lernende und Lehrende, denn Offenheit muss offenbar auch „ausgehalten" werden. Offener Physikunterricht erfordert zudem auf Seiten der Lehrenden eine besonders hohe physikalische Kompetenz, da Fragen, Lösungsansätze und Probleme der Lernenden weniger vorherzusagen sind als bei gelenkten, inhaltlich stark vorstrukturierten Lehrgängen.

Die Öffnung von Physikunterricht kann in sehr unterschiedlichem Maße erfolgen, vom Stationenlernen (bzw. Lernzirkel) über Wochenplanarbeit bis zum Projektunterricht. Im Physikunterricht hat sich insbesondere das Stationslernen etabliert. Es besteht in thematisch zusammengesetzten und im Raum verteilten Lernangeboten aus Aufgaben und Materialien. Die Methode ist dahingehend flexibel, ob Stationen als Wahl oder Pflichtstationen bearbeitet werden oder ob eine Reihenfolge von Teilstationen festgelegt wird (Hepp, 1999). In jeder dieser Formen kann Stationenlernen eine Differenzierung des Unterrichts im Hinblick auf das Arbeits- und Lerntempo, Arbeitsmethoden und Interessen der Lernenden ermöglichen.

Projektunterricht

Für die Gestaltung von Projektunterricht hat Frey (1983) ein siebenstufiges Modell vorgeschlagen. Zu Beginn des Unterrichts steht die Projektinitiative. Lehrende und Lernende einigen sich im Rahmen einer offenen Ausgangssituation grob auf ein Projektthema, das zunehmend präzisiert wird. Die Lernenden sollen v. a. ein lebensweltliches Thema selbstständig strukturieren und bearbeiten lernen. Dazu wird eine Projektskizze erstellt und diskutiert, die inhaltliche, organisatorische und soziale Gesichtspunkte umfasst. Die Skizze wird in einem Projektplan weiter ausgearbeitet, der das Wer, Wann, Was, Wie, Wo und Warum einzelner Arbeitsschritte festlegt. Die Ausführung des

Projektplans bildet das Zentrum des Unterrichtsgangs. Ein Produkt (z. B. selbstgebauter Sonnenkollektor) steht häufig am Ende dieser Phase. Zu einem Projekt gehören auch Reflexionsphasen in denen z. B. die Einhaltung von Verhaltensnormen in der Arbeitsgruppe und die Einhaltung des Arbeitsplans besprochen werden. Inhaltliche Vorschläge für Projekte im Physikunterricht finden sich bei Mie und Frey (1992). Diese „reine Lehre" des Projektunterrichts hat sich im Physikunterricht kaum durchgesetzt. Ein organisatorischer Grund sind die aufwändigen Rahmenbedingungen. Projekte lassen sich kaum in zwei Einzelstunden Physikunterricht pro Woche bearbeiten. Weitere Einwände gehen dahin, dass Kooperationsfähigkeit und selbstgesteuertes Arbeiten gegenüber den physikalischen Inhalten und Methoden zu sehr im Vordergrund stünden. Auf der anderen Seite erhalten Lehrende in Projekten die Chance, selbst auch Lernende sein zu dürfen. Da Projekte interdisziplinär angelegt sind, können Lehrende nicht über alle Kompetenzen individuell verfügen. Die Projektmethode ermöglicht es ihnen auch, Lernende zu sein, womit die übliche Unterrichtshierarchie zumindest kurzzeitig aufgebrochen werden kann.

Lernende sollten behutsam an die Projektmethode herangeführt werden. Dazu eignen sich „Miniprojekte" mit vorgegebenen Fragestellungen, die sich in einer Doppelstunde bearbeiten lassen. „Kleine Forschungsprojekte", bei denen eine Lerngruppe eine Untersuchungsfrage selbst formuliert, einen Arbeitsplan entwirft, Zuständigkeiten organisiert und die Ergebnisse im Unterricht vorstellt, stellen bereits hohe Ansprüche an Lehrende und Lernende. Die Bezeichnung „Projekt" wird unzulässig, wenn z. B. in der Projektwoche vor den Sommerferien lediglich der organisatorische Rahmen des Unterrichts aufgebrochen wird, der Unterricht selbst aber gewohnt lehrgangsartig konzipiert ist.

Forschend-entdeckender Physikunterricht

Wenn Lernenden die Rolle „kleiner Forscherinnen und Forscher" zugewiesen wird, dann wird von forschendem Lernen gesprochen (s. auch Bell, 2007). Darunter wird eine weite Palette von Spielarten forschungsartigen Schülerhandelns verstanden. Der Konzeption liegt die Prämisse zugrunde, fachliche Lernprozesse würden dadurch unterstützt, dass die Lernenden Erkenntnisse möglichst eigenständig und durch forschendes Handeln entwickeln. Dabei sollen die Lernenden vor allem prozessbezogene Kompetenzen im Bereich Erkenntnisgewinnung (→ **Kap. 3**) entwickeln. Sie lernen Forschen durch Forschen. Im angelsächsischen Sprachraum ist dieses Konzept verbreitet und kann in einem groben Phasenmodell abgebildet werden (National Research Council, 2000b):

- Auseinandersetzung der Lernenden mit wissenschaftlich orientierten Fragen, Ereignissen oder Phänomenen, die vorgegeben oder von den Lernenden selbst initiiert sein können;
- Versuche anstellen, um den Frage- bzw. Phänomenbereich zu explorieren; Aufstellen und Testen von Hypothesen durch Analyse und Interpretation experimenteller Daten; evidenz-basierte Erklärungen entwickeln, kommunizieren, rechtfertigen und mit alternativen Erklärungen ver-

gleichen; Modellbildung und Konzeptentwicklung mit Hilfe der Lehrenden oder weiterer Informationsquellen;
- Transfer und Anwendung des Gelernten auf weitere Phänomene oder Probleme;
- Reflexion auf Gelerntes und die Lernwege.

Ein hoher Grad an Schüleraktivität und -selbstbestimmung zeichnet dieses Konzept aus. Offenheit, Komplexität und Unübersichtlichkeit können die Lernenden aber auch schnell überfordern. Forschendes Lernen muss daher selbst schrittweise erlernt werden. Weiterhin muss berücksichtigt werden, dass ein hohes Maß an Selbstständigkeit und Selbsttätigkeit bereits ein hohes Maß an Vorwissen seitens der Lernenden voraussetzt, um erfolgreich zu sein (Kirschner et al., 2006). Die Erwartung, dass elaborierte physikalische Konzepte wie das Trägheitskonzept nacherforscht werden, ist also nicht realistisch.

Entdeckend kann diese Unterrichtskonzeption insofern sein, als dass Schülerinnen und Schüler Wissen und Fähigkeiten für sich erarbeiten. Damit sind also keine wissenschaftlichen Erst-Entdeckungen, sondern eher Nach-Entdeckungen oder Nach-Entwicklungen gemeint. Dies ist auch unter einer konstruktivistischen Perspektive auf Lernen plausibel (→ **Kap. 4**; Höttecke, 2010).

Der zentrale Wert der Unterrichtskonzeption liegt darin, Physik als Prozess erfahrbar und gestaltbar zu machen. Insofern unterscheidet sich dieser Ansatz auch von dem des forschend-entwickelnden Unterrichts (Schmidkunz & Lindemann, 1976), der fachliches und lehrergelenktes Unterrichten stärker betont. Ein forschend-entdeckender Unterricht setzt voraus, dass Unterrichtsphasen, in denen die Prozesse reflektiert werden, nicht auf das Ende der Unterrichtsreihe beschränkt bleiben, sondern den ganzen Unterricht als roten Faden durchziehen. So können Planungsentscheidungen der Lernenden daraufhin befragt werden, ob nach ihrer Auffassung Naturwissenschaftlerinnen und Naturwissenschaftler vergleichbar handeln würden. Experimente, die unerwartete Ergebnisse bringen, können Reflexionsanlässe bieten, darüber nachzudenken, was Forschende denn tun, wenn ihnen das Gleiche passiert (und das ist sicherlich nicht selten der Fall). Auswertung und Interpretation experimenteller Daten geben Anlass dazu, darüber nachzudenken, wie empirische Evidenz in der Physik hergestellt wird (→ **Kap. 1**) und was Forschende im Fall widersprüchlicher Evidenz eigentlich tun (z. B. beim Thema Klimawandel, Elektrosmog, Risikoabschätzungen oder Modellierung einer Pandemie).

Historisch-genetischer Unterricht

Während individual-genetischer Unterricht auf die individuelle und aus der Perspektive der Lernenden begründete Entwicklung von Wissen abzielt (Wagenschein, 1999), ist beim historisch-genetischen Unterricht die Genese des Wissens in seiner Geschichte zentral (Pukies, 1979). Die historische Entwicklung physikalischen Wissens wird dabei selbst als kollektiver Lernprozess verstanden. Zwar kann nicht davon ausgegangen werden, dass dieser historische Lernprozess mit typischen individual-genetischen Lernpro-

zessen übereinstimmt, aber dennoch kann die historische Entwicklung der Physik die Abfolge von Unterrichtsinhalten strukturieren. Dabei wird auf die Begründungen und Ursachen des in der jeweiligen Zeit für gültig erachteten Wissens reflektiert. Das Konzept der Ladungserhaltung wird z. B. in der Fluidaltheorie der Elektrizität des 18. Jahrhundert nach Benjamin Franklin deutlich (Meya & Sibum 1987). Eine historische Betrachtung der Wissensgenese kann Anlässe zur Konzeptentwicklung geben, indem die Lernenden sich ihre eigenen Vorstellungen bewusst machen und entlang den historischen Vorstellungen entwickeln (Heering, 1997).
Ein weiterer Vorzug dieses Konzepts besteht darin, über die Natur der Naturwissenschaften zu lernen (→ **Kap. 1**). Wissenschaftshistorische Fallstudien ermöglichen gleichsam eine Metaperspektive auf die Physik als Forschungsprozess, da dieser in der historischen Rückschau analysier- und reflektierbar ist. An ausgewählten Beispielen kann Wissenschaft als ein von Menschen gestalteter Prozess deutlich werden, der in gesellschaftliche und kulturelle Kontexte eingebettet ist (Höttecke & Barth, 2011). Derartige Kontexte können auch durch andere, historisch orientierte Konzeptionen thematisiert werden. Beispielsweise lassen sie sich im Rahmen einer narrativ angelegten Konzeption vermitteln (vgl. Kubli 2005), z. B. eingeleitet durch eine altersgemäße spannende Erzählung über die Genese einer physikalischen Erkenntnis.

Kontextorientierter Unterricht

Ein kontextorientierter Physikunterricht betrachtet lebensweltliche, technische oder gesellschaftliche Fragestellungen unter physikalischen Aspekten. Kontexte können z. B. aus den Bereichen Medizin (Berge, 2004), Sport (Mathelitsch & Thaller, 2008), Sicherheit und Verkehr (IPN, 2008), Umwelt oder Haushalt und Bekleidung (Girwidz, 2008) oder Klimawandel (Eilks et al, 2011) entstammen. Kontextorientiertes Vorgehen bildet einen Gegenpol zu einem Unterricht, dessen Ablauf sich rein an der Fachsystematik orientiert und in dem ein Anwendungsbeispiel allenfalls als motivierender Einstieg oder als abschließender Ausblick dient (s. dazu Nawrath, 2010). Bei einem konsequent kontextorientierten Unterricht entscheidet der Kontext – z. B. „Klimawandel“ oder „Elektromobilität“ – darüber, welche physikalischen Sachstrukturen und außerphysikalischen Sachverhalte behandelt werden müssen. Physikalische Fachinhalte haben eine dienende Funktion zur Erschließung solcher umfassenden Kontexte (von Kuhn et al., 2010, „Makrokontexte“ genannt). Die Frage lautet: „Welches physikalische Wissen und welche Methoden brauche ich, um einen persönlich oder gesellschaftlich bedeutsamen Sachverhalt zu erschließen?“ Für das Fach Physik liegen aus Deutschland wenige ausgearbeitete Materialien vor (z. B. Mikelskis & Lauterbach, 1976) als für den Chemie- oder Biologieunterricht. International gibt es schon seit den 1970er Jahren einen verwandten Ansatz, der mit „Science, Technology and Society Education“ bezeichnet wird (STS; Solomon & Aikenhead, 1994). In der Mehrzahl kontextorientierter Unterrichtsvorschläge werden Kontexte unter dem Blickwinkel der Fachsystematik ausgewählt. Dann hat der Kontext eine dienende Funktion zur

Motivation und Erschließung der Fachsystematik und die Frage lautet: „Welcher Anwendungszusammenhang ist geeignet, um eine physikalische Sachstruktur zu erschließen?“ (Mikrokontexte). Das Modellversuchsprogramm „Physik im Kontext“ hat Materialien für eine so verstandene moderate Kontextorientierung erarbeitet. Muckenfuß (1995) hat eine Konzeption für die Verbindung von Kontextorientierung und Fachsystematik vorgeschlagen, in der „sinnstiftende Kontexte“ (z. B. das Wetter) sowohl der Erarbeitung fachlichen Wissens dienen als auch der Anwendung physikalischen Wissens in lebensweltlich bedeutsamen Zusammenhängen. Die positiven motivationalen Wirkungen kontextorientierten Unterrichts werden in **Kapitel 7** aufgegriffen. Über höhere Lernwirkungen berichtet Kuhn (2010) am Beispiel der Nutzung von Zeitungsartikeln als Aufgabenbasis. Bessere Lerneffekte sind für kontextorientierten Unterricht aber noch nicht umfassend nachgewiesen (Bennett et al., 2007).

Fachübergreifender Unterricht

Von der Kontextorientierung ausgehend werden oft Querverbindungen zu fachübergreifendem Unterricht gezogen, weil viele Kontexte nur aus einer Verbindung mehrerer fachlicher Perspektiven zu erschließen sind. Der Begriff steht für eine Gruppe von Unterrichtskonzeptionen, bei denen die Grenzen des Faches Physik überschritten werden. Grundlegend lassen sich folgende Unterscheidungen vornehmen (Labudde, 2003):

- *Fachüberschreitend*: Im Zusammenhang mit einem physikalischen Unterrichtsthema werden Erkenntnisse aus einem anderen Fach mit in den Physikunterricht einbezogen (z. B. biologischer Aufbau des Auges im Zusammenhang mit der geometrischen Optik).
- *Fächer verbindend*: Mehrere Fächer sprechen sich ab, wie sie aus den jeweiligen fachlichen Perspektiven gemeinsam einen Sachverhalt erschließen wollen. Dies kann zum einen auf der Ebene von Konzepten (z. B. Energie, Teilchen) oder Methoden (Modellieren, Experimentieren) geschehen.
- *Integriert*: Die Einteilung des naturwissenschaftlichen Unterrichts nach einzelnen Fächern wird aufgehoben. Dies kann für begrenzte Zeiträume erfolgen, etwa für Projekte, oder auch zu einem eigenständigen Fach „Naturwissenschaften“ führen

Es ist unstrittig, dass guter Fachunterricht phasenweise seine Fachgrenzen überschreiten sollte. Fächer verbindendes Arbeiten erfordert von den Lehrkräften einen höheren Koordinierungsaufwand und die Bereitschaft, den eigenen Fachunterricht aufgrund von Absprachen mit anderen Fächern zu verändern. Für die Lernenden (und ebenso die Lehrkräfte) ist ein koordiniertes, die naturwissenschaftlichen Fächer verbindendes Arbeiten sehr hilfreich. Inhaltliche Querverbindungen werden deutlich und es ist erkennbar, wie methodische Fähigkeiten in den Fächern gemeinsam entwickelt und genutzt werden. Integrierter Unterricht ist in Form des Faches „Naturwissenschaft“ in einigen Bundesländern von der Jahrgangsstufe 5 bis teilweise zur Jahrgangsstufe 8 eingeführt. In den angelsächsischen Ländern wird in der Regel das Fach Science unterrichtet. Fachübergreifender Unterricht hat Befürworter (Rehm et al., 2008; Rehm, 2017) ebenso wie Kritiker (MNU, o. J.), zumindest wenn der Unterricht über die Jahrgangsstufe 6 hinaus integriert unterrichtet werden soll. Ein Problem liegt darin, dass in Deutschland bisher keine Lehrkräfte fachlich und fachmethodisch für „Naturwissenschaften" ausgebildet werden. Dies führt häufig dazu, dass Schulen das Fach Naturwissenschaften intern wieder epochal nach Physik, Chemie und Biologie aufgliedern (das gilt ebenso für das Fach Science). Ein konsequent kontextorientiertes Vorgehen (s. o.) ist im Fach Naturwissenschaften einfacher zu realisieren, erfordert jedoch gegebenenfalls eine Verbindung mit Fächern außerhalb der Naturwissenschaften (z. B. bei den Themen „Klimawandel" oder „Zukunft der Energieversorgung" mit Politik oder Geografie).

Inklusionsorientierter Unterricht

Nach einem weiten Verständnis von Inklusion soll Unterricht so gestaltet werden, dass alle Schülerinnen und Schüler daran erfolgreich teilhaben können. Lernende unterscheiden sich nicht nur hinsichtlich ihrer kognitiven Voraussetzungen, sondern auch im Hinblick auf sprachlich-kulturelle Hintergründe (→ **Kap. 8**), Begabungen, Geschlecht, Interessen (→ **Kap. 7**) oder sonderpädagogischen Förderbedarfe. Im inklusiven Physikunterricht nehmen Lehrkräfte Heterogenität nicht nur wahr, sondern wertschätzen sie auch. Lernbarrieren für unterschiedliche Lernende werden erkannt und pädagogisch-didaktisch bearbeitet. Gemeinsame Teilhabe meint dabei nicht unbedingt, dass alle Lernenden die gleichen Arbeitsblätter, Aufgaben oder Experimente bearbeiten. Physikunterricht soll einerseits individualisiert und barrierefrei gestaltet werden, aber die Lerngruppe als Ganze arbeitet andererseits immer noch – breit gefasst – an einem gemeinsamen Lerngegenstand. Die Gestaltung inklusiven Unterrichts setzt voraus, dass individuelle Lernvoraussetzungen erkannt werden (Stinken-Rösner et al., 2020). Hier einige Beispiele mit direktem Bezug zum Physikunterricht: Soziale und sprachliche Voraussetzungen: Nicht alle Schülerinnen und Schüler bekommen intellektuelle Anregungen von Eltern oder Geschwistern oder machen Erfahrungen, an denen im Physikunterricht angeknüpft werden soll (z. B. Besuche in einem Science Center, Erfahrungen im Klettergarten das Gleichgewicht halten). Oftmals bestehen kaum Erfahrungen mit Bildungssprache (→ **Kap. 8**), was Auswirkungen auf das Erlernen der Fachsprache hat.

- *Kognitive Voraussetzungen*: Sie können bei Unter- oder Überforderung sichtbar werden und führen häufig zu Unterrichtsstörungen, wenn sie nicht bearbeitet werden. So benötigen Hochbegabte kognitive Herausforderungen, die manchmal deutlich über das hinausgehen, was ihre Mitschülerinnen und Mitschüler bewältigen können. Probleme können selbst dann auftreten, wenn der Unterricht an Schülervorstellungen orientiert ist (→ **Kap. 5**). Z. B. stellt schülervorstellungsorientierter Optikunterricht oft den Sehvorgang ins Zentrum, aber es kann einen von Geburt an blinden

Schüler geben, der niemals Erfahrungen mit dem Sehen gemacht hat, oder eine Schülerin, die bestimmte Farben nicht wahrnehmen kann.

- *Affektive Barrieren:* Eine negative Einstellung gegenüber dem Physikunterricht kann abgebaut werden, wenn der Unterricht sich an den Interessen der Lernenden orientiert (→ **Kap. 7**). Die Interessen können aber sehr unterschiedlich sein und z. B. mit dem Geschlecht variieren.
- *Physische Barrieren*: Im Physikraum muss ausreichend Platz vor Schränken mit Experimentiermaterial vorhanden sein, damit ein Rollstuhl rangieren kann. Das Experimentiermaterial muss auch für Menschen mit motorischen Einschränkungen geeignet sein.

Für die Praxis inklusiven Physikunterrichts gibt es keine allgemeingültigen Faustregeln, denn individuelle Lernangebote hängen eben stark mit den ebenso individuellen Voraussetzungen der Lernenden zusammen. Die meisten Empfehlungen sind allgemeinpädagogischer oder allgemeindidaktischer Art und stehen meist im Kontext einer individualisierten Lernförderung. Sie sind für Lehrkräfte eine große Herausforderung bei der Unterrichtsplanung und -durchführung. Eine Physiklehrkraft sollte, gerade wenn mehrere Kinder mit sonderpädagogischem Förderbedarf in der Lerngruppe sind, auf ein multiprofessionelles Team zurückgreifen und Beratung erhalten. Unterrichtsangebote können dann unter der Doppelperspektive der Entwicklung fachlicher Kompetenzen und individueller Entwicklung geplant werden.

Die physikdidaktische Forschung und Entwicklung hat sich den fachspezifischen Besonderheiten inklusiven Physikunterrichts erst seit Mitte der 2010er-Jahre zugewandt (Praxisbeispiele bei Sach & Heinicke, 2019). Daher gibt es zwar eine Reihe erster Ansätze (z. B. Schulze Heuling, 2019), aber bisher kaum fachbezogene Kennzeichen gelungenen inklusiven Physikunterrichts oder inhaltsspezifisch ausgerichtete Unterrichtsvorschläge, die empirisch belastbar erprobt wurden.

Literatur zur Vertiefung

National Research Council. (2000b). Inquiry and the National Science Education Standards: A Guide for Teaching and Learning. The National Academies Press, https://doi.org/10.17226/9596
Forschendes Lernen (inquiry learning) wird aus der US-amerikanischen Perspektive begründet und an zahlreichen Beispielen erläutert.

Hepp, R. (Hrsg.) (1999). Lernen an Stationen. Unterricht Physik (Themenheft), 10(51/52).
Das Themenheft gibt einen guten Einstieg und Überblick über Lernen an Stationen.

Höttecke, D. (2010). Forschend-entdeckender Physikunterricht. Ein Überblick zu Hintergründen, Chancen und Umsetzungsmöglichkeiten entsprechender Unterrichtskonzeptionen. Unterricht Physik, 21(119), 4–12.
Der Basisartikel zum Themenheft führt in die Grundzüge des Unterrichtskonzepts an Beispielen ein.

Höttecke, D. & Barth, M. (2011). Geschichte im Physikunterricht. Argumente, Methoden und Anregungen, um Wissenschaftsgeschichte in den Physikunterricht einzubeziehen. Unterricht Physik, 22(126), 4–10.
Der Basisartikel zum Themenheft zur Geschichte im Physikunterricht gibt eine Übersicht über das Konzept.

Mie, K. & Frey, K. (Hrsg.). (1992). Physik in Projekten. Aulis.
Einführung zum Projektunterricht in Physik.

Pukies, J. (1979). Das Verstehen der Naturwissenschaften. Westermann.
Grundlagen der historisch-genetischen Unterrichtskonzeption, mit Beispielen.

Kuhn, J., Müller, A., Müller, W. & Vogt, P. (2010). Kontextorientierter Physikunterricht – Konzeptionen, Theorien und Forschung zu Motivation und Lernen. Praxis der Naturwissenschaften – Physik in der Schule, 59(5), 5–15.
Grundlagen und Probleme kontexorientierten Physikunterrichts.

Labudde, P. (Hrsg.). (2008). Naturwissenschaften vernetzen – Horizonte erweitern. Kallmeyer.
Konzeptionen und Unterrichtseinheiten für den fachübergreifenden Unterricht.

Sach, M. & Heinicke, S. (2019). Herausforderung Inklusion annehmen. Unterricht Physik (Themenheft), 30(170).
Umfangreiches Einführungsheft mit vielen Praxisbeispielen.

11. Unterrichtsmodelle

Unterrichtsmodelle sind bestimmte Formen und Verfahren, mit denen Lehrkräfte und Lernende den Unterricht inszenieren, darin agieren und handeln. Ein Grundmuster des Handelns im Unterricht umfasst drei Phasen: Nach einer Phase der Motivation und Problemstellung folgen eine Phase der Erarbeitung und eine der Vertiefung. Für genauere Planungen ist eine differenziertere Sicht notwendig. Dazu hilft die Unterscheidung zwischen Sicht- und Tiefenstrukturen von Unterricht. Zur Sichtstruktur zählt alles, was man im Klassenzimmer direkt beobachten kann: Wann wird welche Sozialform gewählt, welche Medien, Experimente, Aufgaben oder Methoden-Werkzeuge (→ **Kap. 12–15**) werden verwendet usw. Die Tiefenstruktur einer Unterrichtsstunde beschreibt hingegen, welche Lernschritte die Lernenden kognitiv durchlaufen (sollen), um das Lernziel zu erreichen. Es kann durchaus vorkommen, dass zwei in der Sichtstruktur völlig unterschiedliche Unterrichtsstunden derselben Tiefenstruktur folgen.

Erfolgreicher Physikunterricht ist an den Lernprozessen der Schülerinnen und Schüler orientiert. Es gibt Belege dafür, dass besonders die Tiefenstruktur des Unterrichts für Erfolg (oder Misserfolg) von Physikunterricht verantwortlich ist, während die Sichtstruktur hierauf weniger Schlüsse zulässt (z. B. Hattie, 2009). Je nachdem, ob ein Konzept erarbeitet oder selbstentdeckend gelernt, ob ein Problem gelöst oder eine Konzeptentwicklung (→ **Kap. 6**) angestoßen werden soll, muss der Lernprozess jeweils anders geplant werden. Die Entscheidung für ein Unterrichtsziel zieht damit die Verwendung einer passenden Tiefenstruktur nach sich. Eine Vielzahl unterschiedlicher Tiefenstrukturen wurden in der Theorie der Basismodelle zusammengestellt (Oser & Baeriswyl, 2001). Erst nach einer Entscheidung für eine Tiefenstruktur ist es sinnvoll, die Sichtstruktur des Unterrichts, also die äußere Gestaltung, zu planen.

Im Folgenden werden einige Modelle für verschiedenartige Tiefenstrukturen vorgestellt. Diese lehnen sich an die Arbeiten von Oser an, sind damit aber nicht identisch:

- Wissen vertiefen;
- Konzepte entwickeln: Wissen umformen;
- Probleme lösen: Wissen transferieren;
- Wissen durch Eigenerfahrung entwickeln.

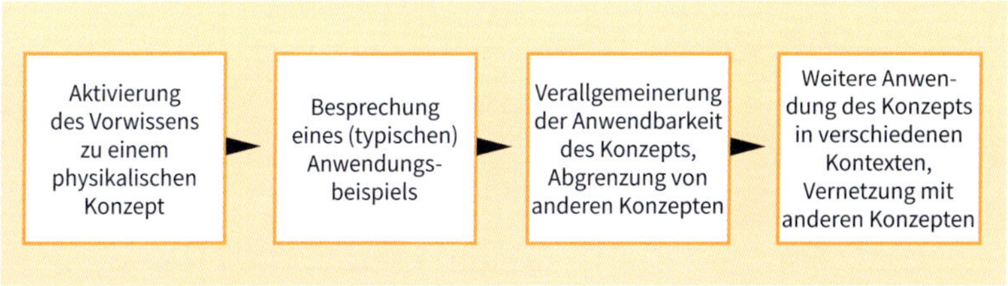

Abb. 11.1: Wissen vertiefen

Wissen vertiefen

Häufig geht es im Unterricht darum, das Verständnis bereits eingeführter Konzepte zu vertiefen, neue Aspekte daran zu erarbeiten oder ihre Anwendung einzuüben. Manchmal wird dieses Unterrichtsmodell auch Konzeptentwicklung genannt und in fünf Schritte gegliedert (Wackermann & Krabbe, 2017). Bei der Weiterentwicklung von Wissen ist es notwendig, dass Lernende das bereits Gelernte aktivieren, bevor an einem typischen neuen Beispiel der Lerninhalt besprochen wird, also z. B ein Experiment durchgeführt und ausgewertet wird. Das Ergebnis dieser Phase wird dann verallgemeinert, Zusammenhänge und Unterschiede zu anderen Konzepten werden erarbeitet. Um den Lerninhalt dauerhaft zu verankern, muss anschließend ausreichend Gelegenheit sein, damit zu arbeiten.

Konzepte entwickeln: Wissen umformen

Das für den Physikunterricht wichtigste und zugleich am schwierigsten zu erreichende Ziel ist der Conceptual Change (→ **Kap 6**). Hier geht es darum, dass Schülerinnen und Schüler eine ansonsten stabile Schülervorstellung (→ **Kap. 5**) in Frage stellen und zu einer physikalisch akzeptableren Vorstellung kommen.
Es gibt zwei grundlegende Strategien für einen Physikunterricht, der zum Conceptual Change führen soll. Der wesentliche Unterschied liegt in der Entscheidung, an welcher Stelle des Unterrichts die bei den Lernenden vorhandenen Vorstellungen thematisiert werden. Bei der ersten Strategie („Schülervorstellungen aktivieren“) steht das Bewusstmachen von Schülervorstellungen am Anfang des Unterrichts. Danach soll ein kognitiver Konflikt dazu ausgelöst werden – z. B. durch ein Experiment, das für die Schülerinnen und Schüler überraschenderweise ganz anders ausgeht, als von ihnen erwartet –, der dann letztlich zu einem Konzeptwechsel führt. Das Problem dieser Vorgehensweise liegt darin, dass die Auseinandersetzung mit einer Schülervorstellung diese für Lernende weiter verstärken kann und der

Abb. 11.2 oben: Diskontinuierlicher Lernweg; Abb. 11.2 unten: Kontinuierlicher Lernweg

Konzeptwechsel unwahrscheinlicher wird. Außerdem ist es kaum möglich, einen kognitiven Konflikt für alle Lernende in einer Klasse gleichzeitig zu erzeugen.
Für die zweite Strategie („Schülervorstellungen umgehen“) wird vorgeschlagen, ein neues Konzept zunächst einzuführen, ohne auf Schülervorstellungen einzugehen. Die Kenntnis der verbreiteten Schülervorstellungen soll der Lehrkraft dabei helfen, deren Aktivierung zu vermeiden. Es werden im Unterricht möglichst viele – den Lernenden plausible – Argumente und Experimente diskutiert, die für das physikalische Konzept sprechen. Erst wenn die Lernenden die physikalische Beschreibung hinlänglich akzeptiert haben, können Schülervorstellungen thematisiert werden. („Oft denkt man, dass ... – Das kann aber nicht stimmen, weil ...“). Einwände gegen diese Unterrichtsstrategie gehen dahin, dass es zumindest in bestimmten Themengebieten kaum gelingt, die Aktivierung von Schülervorstellungen zu verhindern. Wenn sie im Unterricht dann nicht frühzeitig thematisiert werden, wirken sie im Verborgenen weiter.
Welche Strategie man wählen soll, hängt u.a. davon ab, wie verbreitet und wirksam die Schülervorstellungen in einem bestimmten Themengebiet sind und wie sehr die jeweilige Lerngruppe in der Lage ist, Unterschiede zwischen wissenschaftlichen Sichtweisen und Alltagssichtweisen auch bewusst zu verarbeiten. Die Aktivierungsstrategie setzt gewisse metakonzeptuelle Fähigkeiten voraus. Sie ermöglicht auch, dass die Lernenden ihre Lernprozesse reflektieren (Am Anfang habe ich gedacht, dass ... Jetzt weiß ich, dass ...).

Probleme lösen: Wissen transferieren

Ein Problem ist eine Fragestellung, zu deren Lösung die notwendigen Wissenselemente zwar prinzipiell vorhanden, jedoch noch nicht in der jetzt geforderten Verbindung zur Anwendung gekommen sind. Gegebenenfalls muss das Wissen an bestimmten Stellen noch erweitert werden. Es geht um den Wissenstransfer auf eine begrenzt neue Situation. In Abgrenzung zu Aufgaben (→ **Kap. 12**) eignen sich für Unterricht, in dem Probleme gelöst werden sollen, besonders Aktivitäten, deren Bearbeitung mehr als 15 Minuten umfasst, also Forschungsaufgaben oder Projekte. Es kann z. B. darum gehen, ein technisches Gerät „nachzuerfinden“ (Weltner, 1971) oder ein technisches Problem zu lösen („Ein Gerät soll mit 3 V betrieben werden. Zur Verfügung steht aber nur eine 9 V-Quelle.“). Sinnvoll ist es, wenn mehrere Lösungsmöglichkeiten existieren.
Damit problemlösender Unterricht gut funktionieren kann, ist wichtig, dass den Lernenden die Problemstellung klar ist. Erst wenn das Problem verstanden, präzisiert und analysiert wurde, kann daran gegangen werden, Lösungsvorschläge zu sammeln, abzuwägen und zu bewerten. Deren Wirksamkeit wird anschließend überprüft. Die Bewertung und – wenn möglich – Verallgemeinerung der gefundenen Lösungen steht am Ende. Geeignete Probleme sind der Kompetenzentwicklung der Schülerinnen und Schüler angepasst. Ist ein Problem für viele kaum lösbar, muss mit negativen Effekten auf die Interessenentwicklung (erlebter Mangel an Selbstwirksamkeit) gerechnet werden (→ **Kap. 7**).

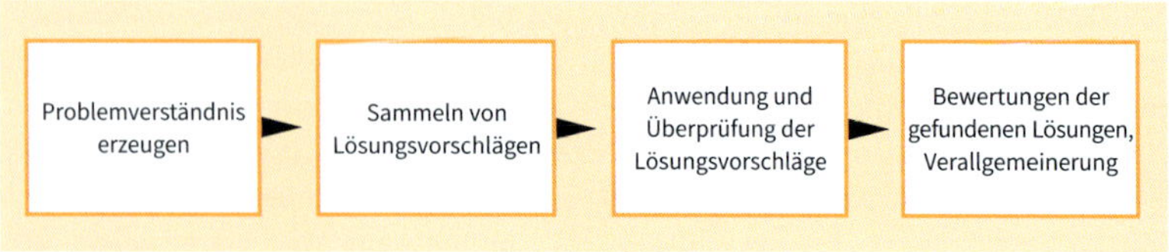

Abb. 11.3: Probleme lösen: Wissen transferieren

Wissen durch Eigenerfahrung entwickeln

Der Ansatz des Lernens aus Eigenerfahrungen oder durch eigene Entdeckungen folgt dem pädagogischen Prinzip der Selbsttätigkeit. Dieses Unterrichtsmodell eignet sich dafür, dass Schülerinnen und Schülern eigene Erfahrungen mit Phänomenen machen und diese reflektieren. Allerdings können im Physikunterricht nur die wenigsten physikalischen Konzepte durch (Wieder-) Entdeckung aus unmittelbaren Erfahrungen herausgebildet werden (→ **Kap. 10** zu forschend-entdeckendem Unterricht). Selbst gefundene, häufig aus dem Alltagsdenken hervorgehende Erklärungen erscheinen Schülerinnen und Schülern oft wesentlich plausibler als physikalische. Eine Strukturierung des Unterrichts nach dem Modell Eigenerfahrung muss dies bei der Planung berücksichtigen.

Gerade das Lernen durch Eigenerfahrung erfordert eine gründliche Vorbereitung. Offene Arbeitsaufträge der Art „Baut Stromkreise und untersucht, wovon die Stromstärke abhängt!“ sind für das Auslösen von Lernprozessen nur für besonders leistungsstarke Lerngruppen mit viel Vorwissen geeignet. Bevor die Schülerinnen und Schüler ihr Vorgehen planen und mit der Untersuchung beginnen, bedarf es einer sorgfältigen Klärung der Fragestellung. Die Lernenden sollten auch ihre Vermutungen über mögliche Ergebnisse sammeln und diskutieren. Nach der Aktivität ist es dann notwendig, den Beobachtungen Sinn zu geben. Das geschieht durch Austausch der Beobachtungen und Deutungen zwischen den Lernenden. Falls sich dabei vom physikalischen Konzept abweichende Deutungen herauskristallisieren (z. B. dass ein helles Lämpchen mehr Strom „verbraucht“ als ein dunkles), muss die Lehrkraft die physikalische Sichtweise einbringen und die Unterschiede herausstellen. Dabei dürfen die Überlegungen der Lernenden nicht abgewertet werden. Die Geschichte der physikalischen Begriffe zeigt, wie auch im wissenschaftlichen Erkenntnisgang Wege beschritten und Ergebnisse formuliert wurden, die aus heutiger Sicht nicht mehr gültig sind.

Lernwirkungen

Ausgangspunkt für die Gestaltung des Physikunterrichts müssen die intendierten Lernprozesse sein. Daraus ergibt sich die Tiefenstruktur. Erst danach sind die Oberflächenmerkmale des Unterrichts, wie z. B. die Sozialformen oder die eingesetzten Medien, zu entscheiden. Bei der Planung einer Unterrichtsstunde sollte darauf geachtet werden, dass besonders

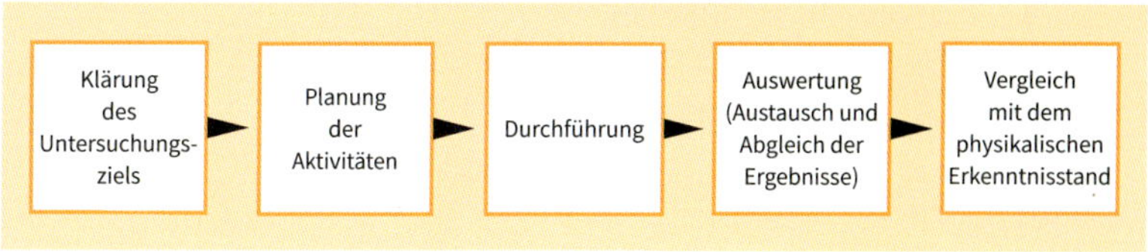

Abb. 11.4: Wissen durch Eigenerfahrung entwickeln

für die jeweils abschließenden Phasen der Anwendung des Wissens, der Bewertung von Lösungen oder der Verallgemeinerung von Ergebnissen ausreichend Unterrichtszeit zur Verfügung steht.
Die Unterscheidung zwischen Sicht- und Tiefenstrukturen des Physikunterrichts macht Forschungsergebnisse plausibel, die zeigen, dass Maßnahmen, die nur bei der äußeren Gestaltung des Unterrichts ansetzen (Einzelarbeit versus Gruppenarbeit, Demonstrationsexperimente versus Schülerexperimente usw.) oftmals nicht so lernwirksam sind wie erwartet. Als ein Beispiel lässt sich der fehlende Nachweis einer grundsätzlichen Lernförderlichkeit experimenteller Eigentätigkeit möglicherweise darauf zurückführen, dass das Sichtmerkmal „Schülerexperiment" in ganz unterschiedliche Modelle des Lernprozesses eingebettet sein kann, deren Tiefenstrukturen bei der Wirkungsforschung noch zu wenig berücksichtigt sind. Im Englischen gibt es daher die schöne Formel: Hands on – minds on!
In Deutschland lassen sich kaum Unterschiede in der Tiefenstruktur des Physikunterrichts beobachten. Die meisten Stunden laufen nach dem Muster des darbietenden Unterrichts ab:

1. Demonstration eines physikalischen Phänomens oder Problemfrage;
2. Erörterung von Hypothesen oder Lösungsansätzen, die auf einen vorbereiteten Versuchsaufbau hinausläuft:
3. Demonstrationsexperiment unter Schülerbeteiligung zur Hypothesenbestätigung oder als experimenteller Beleg der Problemlösung;
4. Dokumentation der Ergebnisse unter Einbindung von Schülerbeiträgen an der Tafel oder im Heft:
5. Weiterführende Fragen, Anwendungsbeispiele, Ergänzungen, experimentelle Demonstrationen.

Stunden zum Konzeptwechsel kommen praktisch nicht vor (Reyer, 2004). Zudem zeigen empirische Studien (Trendel, Wackermann & Fischer, 2007), dass – unabhängig von der verwendeten Struktur – die abschließende Phase der Verallgemeinerung der Ergebnisse, ihrer Anwendung und des Übens oft vernachlässigt wird (→ **Kap. 10**). Geeignete Methoden-Werkzeuge hierfür werden in Kapitel 13 erläutert.

Literaturhinweise zur Vertiefung

Duit, R. & Tesch, M. (Hrsg.). (2005). Thema und Variation: Der Elektrische Stromkreis. Unterricht Physik (Themenheft), 16(89).
Das Themenheft zeigt auf, wie unterschiedlich Unterricht sein kann.

Wackermann, R. & Krabbe, H. (2017). Die Basismodelle des Lehrens und Lernens. MNU Journal, 70(2), 122–130.
Die Basismodelle werden vorgestellt und an konkreten Beispielen erläutert.

Krabbe, H., Zander, S. & Fischer, H. (2015). Lernprozessorientierte Gestaltung von Physikunterricht. Materialien zur Lehrerfortbildung. Waxmann. http://www.ganzin.de/wp-content/uploads/2015/10/Lernprozessorientierte-Gestaltung-von-Physikunterricht.pdf
Es wird erläutert, wie die Basismodelle zur Planung und Analyse von Unterricht verwendet werden können.

12. Aufgaben

Aufgaben entwerfen, Aufgaben stellen und Aufgaben besprechen – Aufgaben sind die zentralen Werkzeuge, mit denen Lehrkräfte ihren Physikunterricht gestalten können. Zu Aufgaben gehört die Klausurfrage nach einer Begriffsdefinition ebenso wie die Aufforderung, bei einem Experiment die Messunsicherheiten abzuschätzen. Die Spannweite reicht von Reproduktionsaufgaben, bei denen es genügt, sich an bekannte Fakten oder Lösungsschritte zu erinnern, bis hin zu Transferaufgaben, in denen die Lernenden vorhandenes Wissen reorganisieren müssen, um für eine neue Situation einen Lösungsansatz zu finden.

Aufgaben lassen sich für die Entwicklung ganz unterschiedlicher Fähigkeiten einsetzen. Einige Beispiele:

- *Routinen festigen*: Stromstärken in einem verzweigten Kreis messen und in einer Tabelle festhalten. Die Anwendung der Knotenregel üben.
- *Probleme lösen*: Eine elektrische Schaltung, die mit einem Karton abgedeckt ist (Blackbox), entschlüsseln.
- *Problemlösestrategien entwickeln*: Rückblickend die eigene Vorgehensweise bei der Entschlüsselung der Schaltung aufschreiben und reflektieren.
- *Adressatengerecht kommunizieren*: Schülerinnen und Schülern aus einer unteren Jahrgangsstufe erklären, dass Strom nicht verbraucht wird.

Die Vielfalt möglicher Aufgabenstellungen zum gleichen Ausgangsthema wird in **Kasten 12.1** an einem Beispiel veranschaulicht.

Wir wollen unter „Aufgaben" als Oberbegriff alle abgegrenzten Arbeitsaufträge verstehen, die Lerner zur aktiven Auseinandersetzung mit einem physikalischen Sachverhalt veranlassen. Aufgaben sollen eine Überlegungskette und Handlungen in Gang setzen, deren Ergebnis in schriftlicher oder mündlicher Form präsentiert wird. Ein Auftrag: „Lest Euch Kapitel 3 im Buch genau durch!" ist keine Aufgabe in diesem Sinne. Eine Aufgabe wäre: „Listet in einer Tabelle alle physikalischen Begriffe auf, die in Kapitel 3 verwendet werden und tragt dazu in die zweite Spalte Begriffe aus der Alltagssprache ein, die ihr damit in Verbindung bringt". Zur Abgrenzung gegenüber Projekten, Forschungsarbeiten oder Experimentieranleitungen soll eine Aufgabe in einem überschaubaren Zeitraum zu bearbeiten sein. Häußler und Lind (1998, 3) empfehlen mit Blick auf die Sekundarstufe I nicht mehr als 15 Minuten. Längere Arbeitsaufträge sollten in abgegrenzte Teilaufgaben gegliedert werden.

Worin besteht eine neue Aufgabenkultur?

Aufgabeninhalte, Aufgabenformulierungen und vor allem die Methodik der Einbettung von Aufgaben in den Unterricht gelten als zentrale Ansatzpunkte für die Lernwirksamkeit des Physikunterrichts. Im Modellversuch „Steigerung der Effizienz des mathematisch-naturwissenschaftlichen Unterrichts" (→ **Kap. 17**) war die Weiterentwicklung der Aufgabenkultur das am intensivsten bearbeitete Thema (Häußler & Lind, 2000). Worin aber besteht die „neue Aufgabenkultur"? Geht es um neue Aufgaben oder um eine neue Kultur ihres Einsatzes im Unterricht?

Zunächst ist festzuhalten: Die aus sich heraus gute Aufgabe gibt es nicht. Inhalt und Form einer Aufgabenstellung

Hart am Anschlag – eine tausendstel Sekunde entscheidet über Gold und Silber

Bei den Olympischen Spielen 1972 in München fiel die Entscheidung im 400 m-Lagenschwimmen denkbar knapp aus:
Gold: Gunnar Larsson (Schweden): 4 min. 31,981 s
Silber: Tim McKee (USA): 4 min. 31,983 s

- Wie unterscheiden sich die Durchschnittsgeschwindigkeiten der beiden Schwimmer? Welchen Vorsprung hatte Larsson beim Anschlag? [Kompetenzbereich „Fachwissen"]
- Verfassen Sie ein Kurzgutachten für Sportfunktionäre mit wenig physikalischem Vorwissen, in dem Sie darstellen, dass man diese Entscheidung aus physikalischer Sicht nicht rechtfertigen kann (ca. 1 S. Text, ggf. zusätzliche Skizzen)! [Kompetenzbereiche „Kommunizieren" und „Fachwissen"]
  (Im Schwerpunkt geht es darum, Nicht-Experten einen physikalischen Sachverhalt zu erklären. Es bietet sich eine gestufte Lernhilfe an. Als Gesichtspunkte kann man z. B. Bautoleranzen oder unterschiedliche Körpergrößen [Laufzeit des Startsignals vom Lautsprecher im Startblock bis zum Ohr] empfehlen. Eine genaue Messung ergab 1973, dass die Bahn von McKee 3 mm länger war als die von Larsson.)
- Planen Sie eine experimentelle Untersuchung, mit der man den Einfluss der Körperbehaarung auf den Wasser-Widerstand eines Schwimmers mit schulischen Mitteln modellhaft untersuchen kann!
  (Untersuchungsplan, Skizze der Versuchsanordnung, Geräteliste, Messprotokoll). [Kompetenzbereich „Erkenntnisgewinnung"]

Kasten 12.1: Unterschiedliche Aufgaben zum gleichen Kontext.
(Der Kontext geht auf eine Anregung von P. Labudde zurück; weitere Quelle: https://de.wikipedia.org/wiki/Olympische_Sommerspiele_1972#Schwimmen)

sind immer vor dem Hintergrund der Voraussetzungen in einer bestimmten Lerngruppe einzuschätzen (Aufschnaiter & Aufschnaiter, 2001). Die Lösung der gleichen Aufgabenstellung kann für eine Klasse einen Transfer voraussetzen und für eine andere Klasse, die das Thema bereits sehr ähnlich behandelt hat, lediglich die Reproduktion von Wissen erfordern. Unter optimalen Rahmenbedingungen (kleine Lerngruppen, großer Aufgabenfundus) lassen sich Aufgaben auf einzelne Lernende abstimmen (Binnendifferenzierung). Leistungsstarke Schülerinnen und Schüler kann man mit einer offenen Problemsituation anregen, wenn sie über das notwendige Vorwissen verfügen. Leistungsschwächere profitieren davon, wenn eine Aufgabenstellung in Teilaufgaben mit Einzelfragen aufgegliedert ist. Gestufte Lernhilfen, die situationsbezogen bei der Aufgabenbearbeitung abgefordert werden können, bieten weitere Unterstützung (Wodzinski & Stäudel, 2009). Zu kleinschrittige Arbeitsaufträge, wie in manchen kochbuchartigen Versuchsanleitungen, fördern hingegen ein passives Abarbeiten. Sie bewirken einen geringen Lernzuwachs (Horstendahl, Fischer & Rolf, 2000).

Für den Physikunterricht ist die Entwicklung kreativer, neuer Aufgabeninhalte immer von Bedeutung. Mindestens ebenso bedeutsam ist die Kultur des abwechslungsreichen, didaktisch durchdachten Einsatzes von Aufgaben im Unterricht. Drei wichtige Merkmale einer entwickelten Aufgabenkultur sind:

- *Unterscheidung zwischen Lernsituationen und Leistungssituationen*: Schülerinnen und Schüler sollen erkennen können, ob es um den Wissenserwerb durch (Lern-)Aufgaben geht und Fehler dabei „normal" sind, weil sie einen Lernanlass darstellen oder ob der Kompetenzstand erhoben und Leistungen beurteilt werden sollen (→ **Kap. 16**). Leistungsaufgaben sollten möglichst nicht mehrere Kompetenzen zugleich ansprechen. Das gilt für Lernaufgaben nicht, vielleicht sogar das Gegenteil.
- *Aufgabenpassung*: Vermeidung von Unter- oder Überforderung; Lernende brauchen bei der Aufgabenbearbeitung Erfolgserlebnisse. Sie sollen in angemessener Zeit (ca. 10 Minuten) zumindest eine erste Teillösung erreichen können. Das Erleben eigener Kompetenz – „Ich habe einen Ansatz gefunden", „Im Prinzip kann ich die Aufgabe lösen" – ist ein zentraler Motivationsfaktor für das Weiterarbeiten (→ **Kap. 7**) .
- *Klarheit von Zielen und Anforderungen*: Bei einer Aufgabe sollte mit angegeben werden, ob es um Üben/Festigen/Wiederholen, um die Einführung in ein neues Thema oder z. B. um das Sammeln von Ideen für eine physikalische Untersuchung geht. Die Verwendung von Operatoren in den Aufgabenstellungen (berechne, diskutiere, benenne, erkläre usw.) konkretisiert die erwartete Leistung. Das erwartete Antwortformat muss klar sein („Wähle eine Spannungsquelle aus und erläutere in einigen Sätzen, warum sie sich für den Versuch eignet!" statt „Welche Spannungsquelle eignet sich für das Experiment?").

Durch welche Merkmale lassen sich Aufgaben charakterisieren?

Ein einfaches Schema für die Charakterisierung von Aufgaben kann den Bildungsstandards für das Fach Physik für den Mittleren Schulabschluss und die Allgemeine Hochschulreife entnommen werden (→ **Kap. 3**). Die drei Kategorien lauten Inhalt, Kompetenzbereich und Anforderungsbereich. Fischer und Draxler (2006) schlagen ein detaillierteres Schema vor. Folgende Merkmale daraus schlüsseln die Kategorie „Anforderungsbereich" genauer auf:

- *Lösungsansatz*: experimentell, halbquantitativ (z. B. Interpretation von

Tabellen, Grafiken), rechnerisch (Größengleichungen), theoretisch (begriffliche Argumentation).

- *Anforderungen*: z. B. Kenntnis von Definitionen und Gesetzen, Rechenfähigkeit, qualitatives Begriffsverständnis, Interpretation von Diagrammen, Textverständnis, Verständnis für experimentelle Situationen.
- *Offenheit des Lösungsweges*: sehr gering (z. B. genau vorgegebene Schritte in einer Versuchsanleitung) bis sehr hoch (bei einer eigenständig zu findenden Lösung). Aufgaben können auch über die Vorgabe bzw. Nicht-Vorgabe der Ausgangsdaten und des Ergebnisses geschlossen bzw. geöffnet werden (Kuhn & Müller, 2007). Man unterscheidet begrifflich zwischen einer *Aufgabe* im engeren Sinne (Ausgangssituation eindeutig, Lösungsweg bekannt) und einem *Problem* (Situation muss geklärt werden, Lösungsweg ist offen).
- *Antwortformat*: Multiple-Choice, Kurzantwort (Ergebnis einer Rechnung, Kurzsatz), erweiterte Antwort (Herleitung, Erörterung, Begründung).
- Anforderungen an die *Lesekompetenz*: Erschließung von Informationen aus dem Aufgabentext.

Was macht eine Aufgabe schwierig?

Die Frage, welche Merkmale den Schwierigkeitsgrad einer Aufgabe beeinflussen, ist ein Thema der fachdidaktischen Forschung. Grundsätzlich ist eine Aufgabe umso schwieriger, je weniger Vorwissen dazu vorliegt. Kauertz (2008) fand bei Fachwissensaufgaben einen bedeutsamen Einfluss der Anzahl von Fakten und Zusammenhängen, die für die Lösung berücksichtigt werden müssen. Die höchsten Anforderungen haben Aufgaben, die ein grundlegendes begriffliches Verständnis fordern. Besonders schwierig sind Aufgaben, die eine Überwindung von Schülervorstellungen (→ **Kap. 5**) voraussetzen (Klieme, 2000). Transferaufgaben sind tendenziell schwieriger als Aufgaben zur Reproduktion oder Anwendung in bekannten Anforderungssituationen. Beim TIMSS-Oberstufentest (→ **Kap. 17**) waren Aufgaben besonders schwierig, bei denen aus experimentellen oder mathematischen Überlegungen qualitative Schlussfolgerungen zu ziehen waren. Aufgaben mit hohen Ansprüchen an formale Fähigkeiten (z. B. Termumformungen bei Größengleichungen) wurden von deutschen Schülerinnen und Schülern besser bearbeitet.

In Tests und Klassenarbeiten werden Kurzsatz-Aufgaben von Schülerinnen und Schülern meist lieber bearbeitet als Aufgaben mit erweitertem Antwortformat. Unter Berücksichtigung der Ratewahrscheinlichkeit sind Multiple-Choice-Aufgaben entgegen einer verbreiteten Annahme nicht unbedingt leichter als Aufgaben mit frei zu formulierenden Antworten (Traub & MacRury, 1990). Man muss allerdings die Auswahlantworten in geeigneter Weise formulieren. Die richtige Antwort sollte z. B. nicht gleichzeitig die längste sein; auch in den falschen Auswahlantworten sollte korrektes Fachvokabular verwendet werden. Weitere Möglichkeiten bieten Multiple-Select-Aufgaben (**Kasten 12.2**). Bei ihnen muss eine korrekte Kombination mehrerer Auswahlantworten angekreuzt werden. Der

Wirkungsgrad von Dampfmaschinen

Im Unterricht wird ein Text über eine der ersten Dampfmaschinen des Schotten James Watt gelesen. Im Text steht, dass diese Maschine einen sehr schlechten Wirkungsgrad hatte. Man brauchte im Verhältnis zur verrichteten Arbeit sehr viel Kohle (chemische Energie). Inzwischen sei der Wirkungsgrad deutlich höher. Danach diskutieren einige Schüler. Sind ihre Aussagen richtig oder falsch? Kreuze an!

Lisa: „Moderne Dampfmaschinen brauchen weniger Kohle, um die gleiche Arbeit zu verrichten wie die alten."

☐ richtig ☐ falsch

Lutz: „Wenn man eine Dampfmaschine bauen könnte, bei der keine Verluste durch Reibung auftreten, hätte diese einen Wirkungsgrad von 100 %."

☐ richtig ☐ falsch

Rike: „Reale Dampfmaschinen können keinen Wirkungsgrad von 100 % haben, aber theoretisch wäre das möglich."

☐ richtig ☐ falsch

Kasten 12.2: Beispiel für eine Multiple-Select-Aufgabe (nach Einhaus, 2007, 290)

Schwierigkeitsgrad einer Aufgabe lässt sich steigern, wenn in den Aufgabentext mehr Informationen aufgenommen werden, als man für die Lösung braucht, z. B. themenbezogen bedeutsame physikalische Größen, die für die konkrete Aufgabe jedoch irrelevant sind. Die Lernenden können dann aus den gegebenen Größen nicht bereits erahnen, welche „Formel" man wohl für die Lösung braucht.

Lernaufgaben

Mit der Frage, wie man anhand von Aufgaben neue Inhaltsbereiche erschließen kann, haben sich Reinhold, Lind und Friege (1999) auf Grundlage empirischer Untersuchungen über das Problemlöseverhalten von Experten und Anfängern befasst. Expertenwissen zeichnet sich neben der Kenntnis physikalischer Begriffe und Gesetze durch ein reichhaltiges Inventar an Anwendungsbeispielen und darauf bezogene Lösungsverfahren aus. Lernende müssen sich dieses Inventar erst erarbeiten. Dazu trägt das Durcharbeiten von Aufgaben mit Musterlösungen bei. Allerdings muss es sich dabei um ein aktives Nachvollziehen der gelösten Beispielaufgaben handeln (Selbsterklären; Häußler & Lind, 2000, 4 f.). Man kann einzelne Zwischenschritte des Lösungsweges auslassen, die von den Lernern ergänzt werden müssen. Die Größe der Lücken – und damit die Transferleistung – muss auf das vorausgesetzte Vorwissen der Lernenden abgestimmt sein (Leisen, 2001, 403). Die Arbeit mit Aufgaben unterscheidet sich in Lernphasen grundlegend von Prüfungs-

Flugbahnen

Ein Jongleur arbeitet mit fünf Bällen gleichzeitig. Zum dargestellten Zeitpunkt befinden sich alle fünf Bälle gerade auf gleicher Höhe. Die Pfeile geben Betrag und Richtung ihrer momentanen Geschwindigkeiten an. Sind die Kräfte, die an den Bällen angreifen, zu diesem Zeitpunkt gleich oder unterschiedlich? Begründe Deine Antwort in einem kurzen Text!

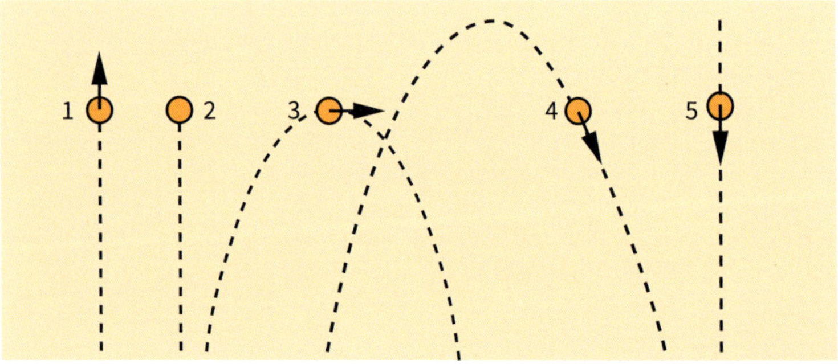

Kasten 12.3: Lernaufgabe zu Kraft und Bewegung (nach Viennot, 1979). Die Aufgabe thematisiert die Schülervorstellung, dass bei einer Bewegung immer eine Kraft in Bewegungsrichtung vorhanden sein muss.

phasen. In einer Lernphase dürfen, ja, sollen geradezu Fehler gemacht werden, aus deren Besprechung sich ein besseres Verständnis des Sachverhalts ergibt: aus Fehlern lernen. Ein Beispiel sind Aufgaben, die verbreitete Schülervorstellungen aktivieren (→ **Kap. 4** und **Kasten 12.3**), um daran typische Verständnisschwierigkeiten im Unterricht aufzugreifen. Lernende müssen darauf vertrauen können, dass Fehler und Fragen in solchen Phasen nicht in Bewertungen eingehen (→ **Kap. 16**).

Lernaufgaben und Prüfungsaufgaben sollten sich hinsichtlich der Kompetenz- und Anforderungsbereiche grundsätzlich entsprechen. Anderenfalls investieren Lerner zu wenig Engagement in die Bearbeitung von Lernaufgaben und konzentrieren sich auf das Training von Prüfungsaufgaben. Prüfungsaufgaben lassen sich durch gestufte Lösungshilfen (Wodzinski & Städel, 2009) oder durch eine Bearbeitung in Kleingruppen für Lernphasen aufbereiten (vgl. Leisen, 2006, 264).

Aufgabenkontexte

Der Begriff „Aufgabenkontext“ wird vielschichtig verwendet. Im einfachsten Fall bezeichnet er die Einkleidung einer Aufgabe in eine konkrete Situation. Ein Beispiel: Statt bei einem Beschleunigungsvorgang F, m und Δt abstrakt als Größen vorzugeben, um daraus eine Tempoänderung Δv berechnen zu lassen, wird der Formalismus auf die Abbremsung eines Formel-1-Wagens angewendet. Bei solchen Kontexten handelt es sich um geschickte „Verpackungen" für die Anwendung sachstrukturellen Wissens. Die Anwendungssituation ist in Wahrheit nebensächlich. Der Wert solcher Aufgaben liegt in der Routinebildung. Den Gegenpol bilden Aufgaben mit sinnhaften Lebensweltbezügen. Als Ausgangspunkt eigenen sich Texte aus Zeitungen oder anderen Medien (Kuhn & Müller, 2007). Bei solchen Aufgaben lernt man durch Anwendung physikalischen Wissens auch etwas über den Kontext selbst, z. B. über sportliche Höchstleistungen oder Themen der Verkehrssicherheit. Hierfür ist bei der Bearbeitung der Aufgaben zusätzliche Unterrichtszeit einzuplanen. Kontextorientierter Physikunterricht erhöht die Motivation der Lernenden und verbessert die Einstellung gegenüber dem Physikunterricht. Auf einen größeren Lernzuwachs im Fachwissen deuten vorliegende Forschungsergebnisse jedoch nicht hin (→ **Kap. 7**).

Experimentelle Aufgaben

„Die fachpraktische Aufgabe schließt zusätzlich zur materialgebundenen Aufgabe die Gewinnung von Beobachtungen und Daten sowie ggf. die Planung der Datengewinnung ein.", so steht es in den länderübergreifenden Standards für die Abiturprüfung im Fach Physik (KMK, 2020, 25). Dazu zählen das Beschreiben und Auswerten demonstrierter oder selbst durchgeführter Experimente. Eine Hürde für Experimente in Prüfungssituationen ist jedoch die Bereitstellung einer ausreichenden Anzahl von Versuchsmaterialien. Hier helfen Versuchsanordnungen mit einfachen Materialien, die dennoch anspruchsvolle Untersuchungen anregen. Bredehorst (2001) zeigt Beispiele für Abituraufgaben mit einfachen Experimenten zur Wellenoptik (z. B. Wellenlängenbestimmung von Laserlicht mit Hilfe einer CD-ROM). Schulen in Niedersachsen wurden mit Schülerexperimentiersätzen zu abiturrelevanten Themengebieten ausgestattet (sogenannte „Abiturkästen"; Friege & Barth, 2012), die von Lehrmittelherstellern Im Hinblick auf fachpraktische Aufgaben im Abitur entwickelt wurden.

Der TIMSS-Experimentiertest (→ **Kap. 17**; Labudde & Stebler, 1999) liefert Anregungen für einfache Experimentieraufgaben, die sich für Prüfungssituationen ebenso eignen wie für Lernsituationen. 10- und 14-Jährige sollen Inhalts- und Methodenwissen auf konkrete Probleme anwenden (s. Beispiel in **Kasten 12.4**). Neben der sachlichen Richtigkeit wird bewertet, ob der Lösungsweg nachvollziehbar beschrieben und mit geeigneten Mitteln (Diagramme, Tabellen, Skizzen) veranschaulicht ist.

Mit Hilfe digitaler Medien lässt sich das Repertoire für Experimentieraufgaben erweitern. Interaktive Bildschirmexperimente (→ **Kap. 15**) ermöglichen virtuelle experimentelle Handlungen in digitalisierten realen Experimentiersituationen. Beispiele sind Brennweitenbestimmungen von Linsen oder die Bestimmung der Schwebungsfrequenz bei Überlagerung von Stimmgabelschwingungen. Die Variation der Versuchsanordnung ist allerdings technisch begrenzt. Der Schwerpunkt

> ### *Welcher Magnet ist stärker?*
>
> An dieser Station findest du 2 Stabmagnete, 6 Stahlkugeln, 10 Haarnadeln, 6 Pokerchips, 2 Stahlstangen, 10 Unterlegscheiben und ein Lineal (30 cm). Benutze die Gegenstände, um herauszufinden, welcher der beiden Magnete stärker ist!
> Beschreibe die verschiedenen Wege, wie du vorgegangen bist! Du kannst dabei auch Bilder oder Diagramme verwenden.

Kasten 12.4: Aufgabe aus dem TIMMS-Experimentiertest (Harmon et al., 1997, 22 f.)

liegt auf der Gewinnung und Auswertung von Messdaten. Virtuelle Labore mit nachgebildeten optischen, mechanischen oder elektronischen Bauelementen bieten mehr Möglichkeiten für das eigenständige Planen und Aufbauen einer Versuchsanordnung.

Fazit

Die Kritik an der vorherrschenden Aufgabenkultur in der Unterrichtspraxis (z. B. Leisen, 2006) lässt sich folgendermaßen zusammenfassen:

1) *Randständigkeit*: Aufgaben werden fast ausschließlich in Übungs- und Testphasen eingesetzt;
2) *Einseitigkeit*: Ganz überwiegend geht es um Reproduktion und Anwendung von Faktenwissen bei eindeutigen Lösungswegen.

Aufgaben im Physikunterricht sind oftmals zu sehr auf formale Lösungsroutinen ausgerichtet. Physikalisches Argumentieren, Bewerten sowie sach- und adressatengerechtes Verbalisieren werden vernachlässigt.

> ### *Energieumwandlungen veranschaulichen*
>
> In einem Braunkohlekraftwerk wird die chemische Energie der Kohle in elektrische Energie (45 %) und Wärme (55 %) umgewandelt. Die elektrische Energie wird mit Überlandleitungen transportiert, dabei gehen 5 % der Energie als Wärme an die Umgebung. In einer Trafostation wird die elektrische Energie so bereitgestellt, dass sie im Haushalt verwendet werden kann. Dabei wird 1 % der Energie an die Umgebung als Wärme abgegeben. Im Haushalt wird die elektrische Energie schließlich z. B. in einer Glühlampe in Strahlungsenergie (5 %) und thermische Energie (95 %) umgewandelt. Erstelle eine grafische Darstellung, die diese Energieumwandungen physikalisch fachkundig und korrekt veranschaulicht!

Kasten 12.5: Aufgabe zum Kompetenzbereich „Kommunikation“ (aus Kulgemeyer, 2010)

Wille (2020, 13 ff.) fand in einer Querschnittsstudie keine grundlegenden Fortschritte in der Aufgabenkultur des Physikunterrichts gegenüber der Situation am Beginn der 2000er-Jahre. Positiv gewendet lautet die Entwicklungsperspektive für die Aufgabenkultur daher weiterhin:

– *Aufgaben in das Zentrum des Unterrichts stellen*: Nicht nur in Übungs- und Testphasen soll die Arbeit mit Aufgaben den Unterricht prägen. In

Einführungs- und Erarbeitungsphasen können Aufgaben besser zum Mitdenken aktivieren als das fragend-entwickelnde Klassengespräch.

- *Mehr Denken, weniger Rechnen* (Schecker & Klieme, 2001). Lernende versuchen häufig, physikalische Probleme allein durch Anwenden von Formeln zu bearbeiten (Größengleichungen umstellen und einsetzen). Das Augenmerk einer neuen Aufgabenkultur sollte besonders auf der Förderung qualitativen Verständnisses liegen.

Literaturhinweise zur Vertiefung

Aus der Diskussion um die Weiterentwicklung der Aufgabenkultur, die sich nach den internationalen Schulleistungsstudien TIMSS und PISA (→ **Kap. 17**) in Deutschland ergeben hat, sind zahlreiche Veröffentlichungen hervorgegangen. Im Folgenden sind Publikationen zusammengestellt, die konzeptionelle Überlegungen mit Beispielaufgaben verbinden.

Häußler, P. & Lind, G. (1998). Weiterentwicklung der Aufgabenkultur im mathematisch-naturwissenschaftlichen Unterricht. Erläuterungen zu Modul 1 des Modellversuchs „Steigerung der Effizienz des mathematisch-naturwissenschaftlichen Unterrichts" mit Beispielen für den Physikunterricht. IPN, 1998. https://www.schulportal-thueringen.de/get-data/a97a8a26-4b4c-4c4d-a237-381c51c6c65f/modul1.pdf

Gropengießer, H., Höttecke, D., Nielsen, T. & Stäudel, L. (Hrsg.) (2006). Mit Aufgaben lernen. Unterricht und Material 5–10. Friedrich.

Leisen, J. (2006). Aufgabenkultur im mathematisch-naturwissenschaftlichen Unterricht. MNU, 59, 250–266.

Duit, R. (Hrsg.) (2002). Aufgaben. Naturwissenschaften im Unterricht Physik (Themenheft), 13(67).

Hepp, R. (Hrg.) (2010). Verschiedene Ziele – verschiedene Aufgaben. Naturwissenschaften im Unterricht Physik (Themenheft), 21(117/118).

13. Methodenwerkzeuge

„Wer nur einen Hammer hat, für den ist jedes Problem wie ein Nagel. Wer einen ganzen Werkzeugkasten hat, für den ist jedes Problem einzigartig."

Methoden-Werkzeuge sind lehrergesteuerte oder schüleraktive Verfahren, Materialien, Hilfsmittel zur Unterstützung von Lehr- und Lernprozessen. Methoden-Werkzeuge sind methodische Elemente des Unterrichts und haben dienenden Charakter. So wie ein Hammer sowohl zum Einschlagen eines Nagels als auch zum Zerschlagen eines Steines genutzt werden kann, so ist ihr Einsatz vielfältig und nicht auf ein bestimmtes Unterrichtskonzept oder eine spezielle Unterrichtssituation beschränkt.

Wenn neue Fachwörter eingeführt werden, bieten sich z. B. Wortlisten an. Die Werkzeuge Zuordnung, Strukturdiagramm oder Begriffsnetz sind geeignet, um schon erarbeitete, aber noch unstrukturierte Kenntnisse zu ordnen und zu hierarchisieren. Mit Satzmustern gelingt es den Schülerinnen und Schülern leichter, eigenständig fach- und bildungssprachliche Texte zu formulieren (→ **Kap. 8**). Mit abgestuften Lernhilfen zur selbstständigen Erschließung von Fachinhalten und -begriffen, mit einem Kugellager zur Übung des Referierens oder einem Gruppenpuzzle zum gesprächsintensiven Austausch von Ergebnissen können Inhalte umgewälzt, wiederholt und gefestigt werden.

Einige Methoden-Werkzeuge, z. B. das Lernplakat, können ganze Unterrichtsabschnitte dauerhaft begleiten und strukturieren. Andere Werkzeuge wiederum werden nur kurzzeitig eingesetzt. Zum Beispiel das Ideennetz zur Einführung in ein neues Thema oder das Begriffsnetz, um am Ende eines Themengebietes klare Wissensstrukturen auszubilden. Manche sind spielorientiert, wie das Memory® oder die Partnerkärtchen, andere deutlich strukturiert, z. B. der Lückentext.

Der unterrichtliche Einsatz von Methoden-Werkzeugen ist in erster Linie fachdidaktisch und nicht methodisch zu begründen. So muss die Lehrkraft die Spezifika der Situation analysieren: Sollen die Lernenden z. B. etwas üben, ordnen, strukturieren oder präsentieren oder ein Problem finden und formulieren? Die spezifischen Belange der Situation und die didaktischen Absichten entscheiden über die Sinnhaftigkeit und den Nutzwert eines Werkzeugs. Die Werkzeuge müssen ihre Funktion in den Lernprozessen legitimieren.

Wozu brauche ich dieses Werkzeug? Was will ich erreichen? Welche unterrichtliche Situation habe ich mit den Lernenden zu bewältigen? Durch diese Fragehaltung ist dem Primat der didaktischen Situationsbewältigung vor der methodischen Gestaltung Genüge getan und sichergestellt, dass das Werkzeug der Sache und dem Verstehen dient. So empfiehlt es sich, nach didaktischen Standardsituationen im Fachunterricht zu fragen.

In welchen unterrichtlichen Situationen können Methoden-Werkzeuge nützlich sein?

Standardsituationen des Lernens sind Situationen, die alle Lernenden regelmäßig und fast in jeder Unterrichtsstunde bewältigen müssen. Jede Standardsituation hat ihren eigenen Charakter und bedarf einer ihr angemessenen Bewältigungsstrategie.

Untersuchungen zeigen immer wieder die Dominanz des zeitlich überdehnten fragend-entwickelnden Unterrichtsgesprächs in allen Phasen des Unterrichts in Deutschland, vornehmlich aber in der Erarbeitungsphase (→ **Kap. 17**). Die deutsche Unterrichtskultur ist geprägt von der allgegenwärtigen und durchgängigen Einwirkungspräsenz der Lehrenden, die an den Kräften zehrt und viel Zeit bindet. Methoden-Werkzeuge können hier Entlastung der Lehrkräfte und Effizienz im Lernertrag schaffen. Gleichwohl ist eine andere Unterrichtsplanung, -vorbereitung und -durchführung nötig. Es gilt, die Charakteristika der genannten Standardsituationen des Physikunterrichts zu erfassen und situationsadäquat durch geeignete Methoden-Werkzeuge zu flankieren. Im Folgenden (**Tabelle 13.1**) werden die Methoden-Werkzeuge entlang dieser Standardsituationen strukturiert. Selbstredend werden etliche Werkzeuge in mehreren Situationen nützlich sein.

Welche Methoden-Werkzeuge für welche Standardsituationen?

Aus den Charakteristika der spezifischen Verwendungssituation ergeben sich Anforderungen, die oft mehrere der Methoden-Werkzeuge gleichermaßen erfüllen, andere hingegen sind dadurch ausgeschlossen.

Welche Funktion und Merkmale haben die Methoden-Werkzeuge?

Steht eine effektive Wissensvermittlung im Vordergrund, so bieten sich Werkzeuge in Hand der Lehrkraft ebenso an wie bei fachlichen und sprachlichen Übungen. Diese Werkzeuge sind planbar, in Wirkung und Handhabung gut abschätzbar und legen die Unterrichtsführung in die Hand der Lehrkraft. Unterricht kann damit konzentriert, straff und zeitökonomisch durchgeführt werden. Demgegenüber fördern die Werkzeuge in Lernerhand maßgeblich die Fachkommunikation zwischen den Schülerinnen und Schülern. Sie fungieren als Anregung für handlungsorientierten Unterricht. Eine Entlastung der Lehrkraft beim Einsatz dieser Werkzeuge ist manchmal ein Nebeneffekt, der durch den in der Regel höheren Vorbereitungsaufwand auch gerechtfertigt ist.

Gebräuchlich sind Werkzeuge mit Arbeitsblattcharakter. Es handelt sich hierbei um Werkzeuge, die von der Lehrkraft geplant und vorbereitet und von ihm gesteuert im Unterricht eingesetzt werden. Daneben gibt es Werkzeuge, die in der Hand der Lernenden liegen, sowohl was die Herstellung als auch was den Gebrauch in der Unterrichtsstunde betrifft.

Was kann der Einsatz von Methoden-Werkzeugen bewirken?

Methoden-Werkzeuge unterstützen die Lehrkraft, anregende, herausfordernde und die Bedürfnisse der Schüler und Schülerinnen berücksichtigende Lernsituationen zu gestalten. Lehrkräfte gewinnen durch die Verlagerung der aktiven Unterrichtsarbeit in die Schülergruppe und durch die intensiven Formen der Kommunikation zwischen den Lernenden mehr Freiraum, können beobachten, individuelle Lernwege begleiten und Arbeitsabläufe einzelner Schülerinnen und Schüler gezielt unterstützen. Der Lehrkraft gelingt eine vielfältigere methodische Ausnut-

<table>
<tr><th>Charakteristika der Standardsituation</th><th>Anforderungen an die Methoden-Werkzeuge</th></tr>
<tr><td colspan="2">Standardsituation: Vorgänge und Experimente beschreiben</td></tr>
<tr><td>- Einhaltung der logischen Gedankenfolge
- Genauigkeit und Präzision
- Klarheit der Gedankenführung
- Nutzung fachsprachlicher Muster
- Bezug zu Bildern und Vorgängen</td><td>- hoher Formalisierungs- und Vorgabegrad
- Arbeitsblattcharakter
- zur regelgeleiteten und formatierten Bearbeitung der Aufträge anleiten
- konvergentes Denken schulen</td></tr>
<tr><td colspan="2">Bildsequenz: mit Sprechblasen zum Ausfüllen
Filmleiste: zeitliche Bildfolge zu fachlichen Vorgängen
Wortgeländer, Lückentext: Grundgerüst aus Wortelementen, Text mit Lücken (erlaubt nur sehr eng geführte Äußerungen, reduziert aber die Gefahr sprachlicher Fehler)
Textpuzzle: ungeordnete Wörter, Satzteile, Sätze, Textteile zur sachlogischen Reihung</td></tr>
<tr><td colspan="2">Standardsituation: Auf Ideen kommen</td></tr>
<tr><td>- Brainstormingsituation
- Offenheit für alle möglichen Ideen
- kreative Situation ermöglichen
- Vielfalt von Lösungswegen ermöglichen
- ungesteuerte Beteiligung aller</td><td>- offene Gestaltung; Lehrkraft als zurückhaltender Impulsgeber
- Brainstorming und divergentes Denken anregen
- abgestufte Ideen anbieten
- Gruppe so stimulieren, dass sie auf Ideen kommt, die dem Einzelnen nicht oder nur selten kommen</td></tr>
<tr><td colspan="2">Kartenabfrage: möglichst viele divergente Ideen und Anregungen auf Kärtchen sammeln und auf Pinnwand ordnen
Ideennetz: ein Begriff, ein Bild oder eine Idee werden als Kern vorgegeben; die weiterfließenden Ideen und Einfälle werden astartig an den Kern notiert
Fragemuster: Sammlung von Fragesätzen unterschiedlichen Schwierigkeitsgrades</td></tr>
<tr><td colspan="2">Standardsituation: Neues erarbeiten</td></tr>
<tr><td>- Informationseingabe erforderlich
- Steuerung durch Materialien
- zeitintensiv
- angemessener Beschäftigungsgrad erforderlich
- unterschiedliche Bearbeitungstempi
- unterschiedliche Niveaus des Verstehens</td><td>- hoher Intensitätsgrad der Bearbeitung
- Informationen und Ansätze zur Bearbeitung anbieten
- Binnendifferenzierung ermöglichen (unterschiedliche Zugangsarten und unterschiedliche Schwierigkeitsgrade)</td></tr>
<tr><td colspan="2">Abgestufte Lernhilfen: die Schülerinnen und Schüler entscheiden eigenständig über Zeitpunkt und Umfang der Nutzung vorbereiteter Hinweis- und Hilfekarten
Aushandeln (Think-Pair-Share): ausgehend von Einzelarbeit über Partnerarbeit zur Gruppenarbeit in immer größeren Gruppen wird ein Konsens zu einem diffizilen Sachverhalt erarbeitet</td></tr>
</table>

<table>
<tr><th colspan="2">Standardsituation: Über Fachliches reden</th></tr>
<tr><td>- kommunikative Situationen erforderlich
- diskursives Argumentieren
- verschiedene Perspektiven
- Pro-Contra-Situationen
- zusammenhängende Rede
- rhetorische Elemente
- Plenum oder Gruppenarbeit</td><td>- Freiraum für eigene Gedanken, Argumente und Wertungen bieten
- das Reden über das Fach im Fluss halten</td></tr>
<tr><td colspan="2">Wortfeld: ungeordnete Menge von Fachbegriffen und Satzbruchstücken zur Verfügung stellen
Wortliste, Begriffsinventar: Liste wichtiger Fachbegriffe zur Verbalisierung des Sachverhaltes
Thesentopf: Sammlung von Pro- und Contra-Thesen zur Führung eines Streitgesprächs oder einer mündlichen Fachdiskussion
Kongress: die in einer Gruppe von Expertinnen und Experten erworbenen Kenntnisse werden den Mitgliedern anderer Gruppen weitervermittelt</td></tr>
<tr><th colspan="2">Standardsituation: Ordnung hineinbringen</th></tr>
<tr><td>- umfangreicher Begriffs- oder Faktenbestand erforderlich
- materialintensiv
- Klassifizierung – Strukturierung – Hierarchisierung
- verschiedene Ordnungssysteme sinnvoll</td><td>- gedankliche Struktur nach außen darstellen, möglichst in unterschiedlichen Darstellungen, die zum kontrastiven Vergleich genutzt werden können
- eigenständiges Ordnen des Gelernten und Bekannten ermöglichen
- großen Begriffs- und Faktenbestand anbieten und zur Klassifizierung, Strukturierung und Hierarchisierung freigeben</td></tr>
<tr><td colspan="2">Mind-Map: Informationen in nicht-linearer Verzweigung grafisch darstellen
Begriffs-Netz (Concept-Map): Physikalische Konzepte und Größen in ihren gegenseitigen Beziehungen grafisch darstellen
Flussdiagramm: Prozesse und Lösungswege mit Verzweigungen darstellen</td></tr>
</table>

Standardsituation: Gelerntes üben	
- interaktiv - spielerisch - abwechslungsreich - selbsttätig - routinebildend - handlungsorientiert - differenzierend	- Spiel- und Wettbewerbscharakter, handlungsorientiert - mit mehreren Durchläufen durch das Material Routine bilden - Binnendifferenzierung fördern
Fehlersuche: an präpariertem fehlerhaften Bild- und Textmaterial oder an fehlerhaften Gegenständen bzw. Versuchsaufbauten *Worträtsel:* Kreuzwort-, Silben-, Wortsuch-, Verschlüsselungs-, Zuordnungsrätsel, Puzzle *Zuordnung:* von Gegenständen, Bildmaterial, Symbolmaterial, Fachbegriffen und ausformulierten Satzgefügen *Memory®:* Bild-Sprachkartenpaare zum Einüben von Fachbegriffen bzw. Fachvokabular *Zwei aus drei:* Lernende entwickeln Ordnungskriterien, die es erlauben, zwei Elemente klar von einem dritten abzugrenzen (Elemente können z. B. bildliche Darstellungen von Versuchen, Prinzipskizzen, Formeln und Begriffe sein) *Lernkartei:* Aufgaben und Lösungen auf Karteikarten zur wiederholten Bearbeitung	
Standardsituation: Wirkungsvoll präsentieren	
- zusammenhängende Rede - Präsentationshilfen nutzen - Gliederungshilfen nutzen	- Wirkungen beim Publikum erzielen
Lernplakat: Visualisierung von Unterrichtsinhalten *Portfolio:* Zusammenstellung persönlicher Arbeitsergebnisse, z. B. als Grundlage für ein Prüfungsgespräch *Kugellager:* zu einem vorgegebenen Thema frei referieren; alle Lernenden sprechen und hören in wechselnden Partnerkonstellationen mehrfach zu *Archive:* Informationsbausteine, aus denen Schülerinnen und Schüler selbständig Texte, Referate, Collagen, Lernplakate u. ä. herstellen können *Thesentopf:* Sammlung von Pro- und Contra-Thesen zur Führung eines Streitgesprächs oder einer mündlichen Fachdiskussion	

Tabelle 13.1: Übersicht über Methoden-Werkzeuge

zung ein- und desselben Lernmaterials. Allerdings ist der Aufwand zur Herstellung der Materialien für den ersten Einsatz zum Teil recht hoch. Viele Lehrkräfte empfinden aber den Gebrauch von Methoden-Werkzeugen in der jeweiligen Unterrichtssituation als entlastend. Dies wiegt in gewisser Weise den größeren Zeitaufwand der Vorbereitung auf; insbesondere dann, wenn die Materialien in kollegialer Zusammenarbeit erstellt und genutzt werden.

Beim Einsatz von Methoden-Werkzeugen im selbstregulierten Unterricht taucht die Frage auf, wie mit fehlerhaften Arbeitsergebnissen und Lösungen umgegangen wird. Die beispielsweise qualitativ unterschiedlichen, teils fehlerhaft erarbeiteten Begriffsnetze verschiedener Gruppen können vergleichend zur Fehleranalyse, zur Reflexion und zur Strategieanalyse genutzt werden. In Fällen, in denen es eine eindeutige Lösung gibt, bieten sich Lösungsfolien oder -blätter an. In anderen Fällen sind ggf. Selbst- oder Partnerkontrollen ein probater Weg. In jedem Fall sollten Fehler als Gelegenheiten zu einer zweiten Lernschleife genutzt werden.

Methodenvielfalt wird immer wieder als ein Merkmal guten Unterrichts bezeichnet. Untersuchungen indes konnten bislang nicht den Nachweis führen, dass Methodenvielfalt automatisch bessere Lernerträge mit sich bringt. Unterricht ohne eine Methodenvielfalt ist, wenn er fachlich konsistent und unterrichtlich strukturiert auf passendem Anspruchsniveau und guten Erklärungen durchgeführt wird, sehr ertragreich.

Bekannt ist der *Hawthorne-Effekt*: Anfänglich wirkt (fast) jede neue Methode positiv. Daraus ist die Schlussfolgerung zu ziehen, dass der Methodenwechsel eine gute Methode ist. Auch hier gilt es wie in allen Bereichen des Unterrichtens, das passende Maß zu finden.

Grenzen, Risiken und Nebenwirkungen von Methoden-Werkzeugen

Der unreflektierte Gebrauch von Methoden-Werkzeugen birgt die Gefahr in sich, zur inhaltlosen Methodenschulung zu verkommen. Die Aktivitäten der Lernenden werden vom Fachlichen weggeleitet. Sie befassen sich dann z. B. intensiver mit den grafischen Gestaltungselementen eines Lernplakats als mit dessen Inhalt. Ein didaktisch begründeter Einsatz schützt vor dieser Gefahr, indem Schülerinnen und Schüler zielgerichtet in Situationen mit fachlichen Aufgaben und Problemstellungen gebracht werden. Methoden-Werkzeuge bergen weiterhin das Risiko des extensiven Zeitverbrauchs. Lehrkräfte müssen sich fragen: Stehen Aufwand und Ertrag in einem guten Verhältnis? Wird das Werkzeug zeitökonomisch verantwortbar eingesetzt und genutzt? Gibt es zeitökonomische Alternativen?

Methoden-Werkzeuge lösen generell keine fachdidaktischen Probleme. Der Eindruck, dass alle Lernenden glücklich und beschäftigt sind, heißt ja noch nicht, dass auch gelernt wird. Methoden-Werkzeuge können aber dabei helfen, methodische Stolpersteine zu umgehen, Sie können zur Gestaltung geeigneter Sichtstrukturen eingesetzt werden. Planung von Unterricht muss aber von den Tiefenstrukturen her vorgenommen werden (→ **Kap. 11**).

Literatur zur Vertiefung

Hepp, R., Krüger, A. & Leisen, J. (Hrsg.). (2003). Methoden-Werkzeuge. Unterricht Physik (Themenheft), 14(75/76).
Detaillierte Ausarbeitungen zu Methoden-Werkzeugen.

14. Experimentieren

Experimente sind ein wesentliches Merkmal der Physik. Sie haben in den verschiedenen Einsatzgebieten jeweils unterschiedliche Funktionen: In der Forschung dienen sie der Überprüfung neuer Theorien, auf dem Tag der offenen Tür der Schule, in Fernsehsendungen und im Science Center der Unterhaltung und im Physikunterricht der Unterstützung des Lehrens und Lernens. Für didaktische Überlegungen ist es wichtig, sich der verschiedenen Funktionen des Experiments bewusst zu sein. Ein Versuch im Unterricht unterscheidet sich wesentlich von einem Experiment in der Forschung. Funktionen oder Verwendungskontexte durch eine unterschiedliche Bezeichnung als „Experiment" bzw. „Versuch" voneinander zu unterscheiden, hat sich in begrifflicher Unterscheidung allerdings nicht systematisch durchgesetzt und so werden im Folgenden beide Begriffe synonym verwendet.

Verschiedene Funktionen des Experiments

Wissenschaft

Die Funktionen des Experimentes in der Wissenschaft sind komplex. Im Vordergrund steht hier die Weiterentwicklung des wissenschaftlichen Erkenntnisstands. Das kann im Rahmen eines hypothesengeleiteten Vorgehens geschehen: Basierend auf genauer Kenntnis der Theorie wird eine Frage formuliert und ein entsprechendes Experiment bzw. eine Reihe von Experimenten geplant und durchgeführt. Die Frage ist mit einer aus der Theorie begründeten Erwartung über den Ausgang des Experiments (Hypothese) verbunden. Aus der Auswertung der Ergebnisse kann dann die Gültigkeit der Hypothese überprüft werden, was wiederum zu einer Weiterentwicklung der Theorie führt oder als Beleg für die Theorie angesehen wird. Diese Darstellung ist allerdings stark vereinfacht und es gibt weitere Typen des wissenschaftlichen Experimentierens (Höttecke & Rieß, 2015). Tatsächlich ist das Verhältnis zwischen Theorie, Experiment und Wissenskonstruktion komplex (→ **Kap. 1**).

Unterricht

Die Funktion des Experimentes im Physikunterricht hat mehrere Facetten. Natürlich dienen Experimente in der Schule auch zur Erzielung von Überraschungseffekten und haben dann motivierenden Charakter. Die wesentliche Funktion des Experiments im Physikunterricht liegt darin, das Lernen der Kinder und Jugendlichen zu unterstützen. Je nachdem, welches Ziel (→ **Kap. 2**) eine Lehrkraft verfolgt, muss sie prüfen, welche Experimente und welche Art des Experimentierens dazu beitragen können, dieses Ziel zu erreichen. Unterschiedliche Ziele bedingen dabei unterschiedliche Funktionen des Unterrichtsexperiments (**Tab. 14.1**). Nicht unbedingt muss ein Experiment im Mittelpunkt stehen, damit die geplanten Ziele erreicht werden können. Das belegen die Forschungsergebnisse zur begrenzten Lernwirksamkeit von Unterrichtsexperimenten (s. u.).

Je nach den verfolgten Zielen werden unterschiedliche Aspekte des Experimentierens im Vordergrund stehen: Geht es darum, physikalische Zusammenhänge plausibel zu machen, müssen wesentliche Aspekte hervorgehoben werden und die Zusammenhänge klar beobachtbar sein. Oft geht es bei solchen Experi-

Ziel des Physikunterrichts	Beitrag des Unterrichtsexperiments
Vermittlung von Fachwissen	- überzeugende Darstellung eines Phänomens - Veranschaulichung eines Konzepts - Überprüfung physikalischer Gesetze
Konzeptentwicklung (→ Kap. 6)	- Erzeugung eines kognitiven Konflikts - plausibles Argument für eine neue Vorstellung
Naturwissenschaftliches Arbeiten	- Entwicklung von Fragestellungen und Hypothesen - Versuchsplanung und -durchführung - Auswerten von Daten - kritischer Umgang mit Versuchsergebnissen und deren Verallgemeinerung - Erwerb experimenteller Fähigkeiten
Kommunizieren über Physik	- Dokumentation von Versuchen und Daten - Gegenüberstellung und Diskussion unterschiedlicher Ergebnisse und Schlussfolgerungen
Lernen über die Natur der Naturwissenschaften (→ Kap. 1)	- Anlass zur Diskussion über Wissensentstehung in der Naturwissenschaft
Interesse anregen (→ Kap. 7)	- Alltagsbezüge aufzeigen - Forschungsexperimente veranschaulichen - Aufmerksamkeit erregen, zum Staunen bringen, unterhalten

Tabelle 14.1: Beitrag des Unterrichtsexperiments zu verschiedenen Zielen

menten darum, als gültig vorausgesetzte Gesetze oder bekannte Werte physikalischer Parameter (z. B. des Ortsfaktors *g*) zu veranschaulichen oder zu bestätigen. Keine Lehrkraft würde jedoch z. B. die Gültigkeit des Gravitationsgesetzes hinterfragen, nur weil Versuche mit der Drehwaage abweichende Werte liefern. Geht es hingegen darum, dass Schülerinnen und Schüler Kompetenzen im naturwissenschaftlichen Arbeiten erwerben, müssen passende Experimente ausgewählt werden, in denen die Lernenden z. B. die Abhängigkeiten zweier Variablen voneinander mit den zur Verfügung stehenden Mitteln auch aufdecken können.

Charakterisierung von Unterrichtsexperimenten

Zur Charakterisierung der verschiedenen Formen des Experimentierens im Physikunterricht eignen sich die folgenden

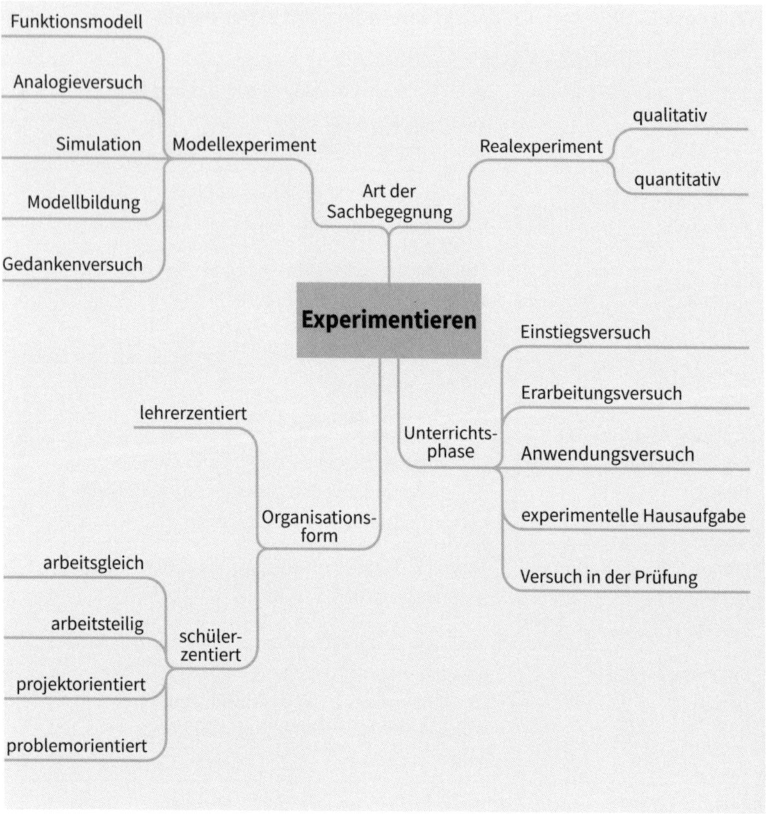

Abb. 14.1: Eine Mindmap zum Experimentieren im Physikunterricht

drei Merkmale: Art der Sachbegegnung, Organisationsform und Unterrichtsphase (**Abb. 14.1**).

Art der Sachbegegnung

Man kann bei Schulversuchen zwei grundsätzliche Arten der Sachbegegnung unterscheiden. Meistens werden Aspekte des jeweiligen Inhaltsgebietes direkt mithilfe realer Versuchsaufbauten veranschaulicht („*Realexperimente*“). Es geht darum, ein bestimmtes Phänomen oder eine Gesetzmäßigkeit im Experiment abzubilden, z. B. die Ausbreitung eines Lichtbündels sichtbar zu machen oder den Spannungsverlauf im Wechselstromkreis zu messen. Der notwendige Aufwand bei Anordnungen und Messtechnik führt zur Unterscheidung zwischen Freihandexperimenten, qualitativen und quantitativen

Versuchen. Auch interaktive Bildschirmexperimente (IBE, Kirstein & Rass, 1997), bei denen digital aufgezeichnete Versuche am Computerbildschirm durchgeführt werden (→**Kap. 15**), können als Realexperimente gelten. Gleiches gilt für Remotely-Controlled Labs (Altherr et al., 2005), bei denen über große Entfernungen hinweg Experimente ferngesteuert werden.
Zur zweiten Art der Sachbegegnung gehören Experimente, die den Sachverhalt nicht direkt abbilden, sondern in übertragener Weise darstellen oder nachbilden („*Modellexperimente*"). In Analogieversuchen wird mit einem Realexperiment aus einem verwandten, leichter zugänglichen Sachbereich (Basisbereich) ein schwerer zugängliches (z. B. mikroskopisches) Phänomen im Zielbereich modelliert. So wird z. B. das Verhalten eines idealen Gases durch das Verhalten von Kunststoffkügelchen abgebildet oder es werden die Weiss'schen Bezirke in einem Magneten durch kleine, ortsfest aber drehbar montierte Magnetnadeln veranschaulicht. Auch Simulationen zählen zu den Modellversuchen. Hier wird ein physikalischer Sachverhalt durch die grafische Darstellung der Ergebnisse mathematischer Modellrechnungen verdeutlicht. Einen Schritt weiter gehen Computerwerkzeuge, bei denen das physikalisch-mathematische Modell, das für die Simulation benötigt wird, selbst entworfen werden muss. Oft wird auch das Gedankenexperiment zu den Modellexperimenten gezählt. Hier wird durch schlüssiges Folgern aus theoretischen Grundannahmen rein gedanklich der Ausgang eines – oftmals ebenfalls nur denkbaren Experiments – vorausgesagt. Berühmt sind die Gedankenexperimente von Galilei oder Einstein (vgl. Lotze, 2007). Beim Einsatz von Modellversuchen im Physikunterricht muss man den Lernenden verdeutlichen, dass es sich um Modelle handelt und z. B. ein Gas nicht aus kleinen Kügelchen besteht. Modellversuche sind dabei keinesfalls unphysikalischer als Realexperimente. Viele Bereiche der Physik, z. B. die Kosmologie, sind auch in der Forschung auf Modellversuche angewiesen. Bei solchen Gelegenheiten liegt es nahe, auf den Modellcharakter der Physik einzugehen (→ **Kap. 1**).

Organisationsform

Die Organisationsform unterscheidet man nach der Hauptaktivität bei der Durchführung des Experiments. Im Physikunterricht wird sie oft bei der *Lehrkraft* liegen. Das ist zwangsläufig bei gefährlichen Versuchen der Fall, wenn z. B. mit hohen Spannungen gearbeitet werden muss. Auch wenn besonderes Geschick bei der Versuchsdurchführung notwendig ist, wird in der Regel die Lehrkraft den Versuch durchführen. Bei Lehrerversuchen können einzelne Lernende an der Versuchsdurchführung beteiligt werden, etwa zum Ablesen von Messergebnissen oder zur Bedienung eines Geräts. Die Auswertung der Messdaten kann dann von allen Schülerinnen und Schülern übernommen werden.
Die Lehrkraft muss sicherstellen, dass alle Schülerinnen und Schüler im Klassenraum den Versuch gut sehen. Darauf ist schon beim Aufbau der Versuchsanordnung zu achten. Der Einsatz einer kleinen Videokamera und die Projektion des Videobildes bieten eine gute Hilfestellung. Eine Aufzeichnung des Versuchs lässt sich dann erneut (und evtl. in Zeitlupe)

abspielen und weitergehend analysieren (z. B. lassen sich Bewegungen mit Videoanalyseprogrammen auswerten).
Bei vielen Experimenten ist es möglich und sinnvoll, den *Schülerinnen und Schülern* die Aktivität zu übertragen. Schülerexperimente haben besondere Bedeutung, wenn es darum geht, Fähigkeiten zum naturwissenschaftlichen Arbeiten zu fördern (s. **Tabelle 14.1**). Die Versuche können arbeitsteilig oder arbeitsgleich durchgeführt werden. Sie lassen sich in einen projektartigen Unterricht integrieren oder als Teil eines Gruppenpuzzles durchführen. Schülerexperimente können mit Alltagsgegenständen auch als Heimexperimente bearbeitet werden.

Unterrichtsphasen

Eine weitere Klassifizierung von Schulversuchen orientiert sich an ihrer Position im Unterrichtsverlauf bzw. im Lernprozess. Es gibt Experimente, die sich als *Einstieg* in einen Themenbereich eignen. Oft ist hier ein Überraschungseffekt gewünscht, um die Aufmerksamkeit der Schülerinnen und Schüler zu erregen. Oder es wird als Einstieg eine experimentelle Problemsituation geschaffen, deren Lösung im Verlauf einer Unterrichtsstunde erarbeitet werden soll, z. B. die Frage, wie mit einem Strohhalm in ein wassergefülltes Gefäß gezielt werden muss, um eine Münze auf dem Boden des Gefäßes zu treffen.
In der *Erarbeitungsphase* kommt Experimenten häufig eine tragende Rolle zu. Lernende können beispielsweise selbsttätig Versuche durchführen; im Plenum werden die einzelnen Ergebnisse anschließend besprochen und zu einem Gesamtergebnis zusammengeführt. Demonstrationsversuche können dazu dienen, ein physikalisches Gesetz durch eine Messreihe plausibel zu machen, besonders wenn die Schülerinnen und Schüler intuitiv einen anderen Zusammenhang erwarten. Viele Lernende meinen z. B., dass eine Bewegung nach der Einwirkung einer Kraft in Richtung dieser Einwirkung weiter verläuft. Hier können Versuche helfen, in denen rollende Stahlkugeln senkrecht zu ihrer Bewegungsrichtung gestoßen werden (→ **Abb. 6.3**). Die Kenntnis typischer Schülervorstellungen hilft der Lehrkraft bei der Auswahl geeigneter Experimente.
Auch in der Unterrichtsphase der *Anwendung, Wiederholung und Übung* liefert das Experiment wichtige Beiträge. Schülerinnen und Schüler können bereits eingeführte fachliche Zusammenhänge selbstständig anhand experimenteller Untersuchungen vertiefen oder für die Erklärung von Demonstrationsexperimenten heranziehen. Dass eine Münze plötzlich erscheint, wenn Wasser in eine Tasse gegossen wird, vertieft z. B. das bei der Erarbeitung der optischen Hebung erworbene Wissen.

Sicherheit beim Experimentieren

Je nach Organisationsform gelten unterschiedliche Vorschriften zur Sicherheit beim Experimentieren. Während z. B. eine Lehrkraft auch mit hohen Spannungen experimentieren darf, gibt es für Schülerexperimente härtere Vorgaben hinsichtlich erlaubter elektrischer Energiequellen. Besondere Regelungen gibt es für die Verwendung von Lasern und radioaktiven Präparaten. Die Kultusministerkonferenz (KMK (Hrsg.), 2019) hat umfassende „Richtlinien zur Sicherheit im Unterricht“ vorgegeben. Eine praxisnahe Zusammenstellung wichtiger Punkte findet man im Themenheft „Sicherheit“ der Zeitschrift Unterricht Physik (Volkmer, M. & Willer, J. (Hrsg.), 2004).

Lernwirksamkeit
Unterrichtsexperimente

Der Einsatz von Experimenten wird in fachdidaktischen Lehrbüchern seit jeher gefordert. Experimente haben ihren festen Platz in Lehrplänen, Schulbüchern und der Unterrichtspraxis. Umso erstaunlicher ist es, dass es nach den konsistenten Ergebnissen der fachdidaktischen Forschung *keinen Zusammenhang* zwischen dem Einsatz von Unterrichtsexperimenten und den Lernwirkungen des Unterrichts gibt. So bewirkt z. B. der Einsatz von Demonstrationsexperimenten kein besseres Verständnis bei Lernenden als vorwiegend theoretische Betrachtungen (z. B. Roth et al., 1997). Das wird verständlich, wenn man sich die Rolle der Schülervorstellungen (→ **Kap. 5**) beim Beobachten bewusst macht. Die Lehrkraft kann nicht davon ausgehen, dass ein Phänomen von allen Schülerinnen und Schülern in gleicher Weise wahrgenommen und verarbeitet wird. Das Vorwissen und die Erwartungen beeinflussen die Wahrnehmung und deren Interpretation (übrigens auch in Forschungsexperimenten). Lässt man z. B. einen starken Strom durch einen dünnen Widerstandsdraht fließen und fragt die Jugendlichen, wo denn der Draht zu glühen begonnen habe, so werden unterschiedliche Beobachtungen zutage treten (Schlichting, 1996): Lernende, die glauben, dass der Strom von links („plus“) nach rechts („minus“) durch den Draht fließt, meinen gesehen zu haben, dass der Draht am linken Ende zuerst glühte. Andere meinen, der Draht habe in der Mitte zuerst geglüht (dort, wo die Ströme vermeintlich „zusammenstoßen“). Ein „reines Phänomen“, das von allen Beobachtenden gleichartig wahrgenommen wird, lässt sich nicht realisieren. Vielmehr nimmt jedes Individuum entsprechend seinen Vorkenntnissen Unterschiedliches wahr. In Anbetracht dieser Ergebnisse wird klar, dass das Beobachten eines lehrerzentrierten Unterrichtsexperiments nicht automatisch eine Veränderung bzw. Entwicklung des Wissens nach sich ziehen wird.

Beim Einsatz von Experimenten kommt es entscheidend auf ihre durchdachte Einbettung in einen Unterrichtsgang an. Für lernförderliche Unterrichtsexperimente ist eine sorgfältige Vorbereitung und Hinführung der Lernenden unabdingbar. Allen muss klar sein, wozu dieses Experiment dient, was demonstriert werden soll, welche verschiedenen Ergebnisse es geben könnte, worauf zu achten ist usw. Nur bei guter Vorbereitung ist es möglich, dass Schülerinnen und Schüler Vergleichbares beobachten können (wenn auch nicht selbstverständlich). Oft ist es sinnvoll, die Erwartungen über den Ausgang des Experiments vorher festzuhalten und zu besprechen. Ebenso wichtig ist die intensive Nachbereitung: Was wurde beobachtet, entspricht der Ausgang den Erwartungen, welche Schlüsse können aus dieser Beobachtung gezogen werden, welche Fragen schließen sich an? Die durch die fachdidaktische Forschung nachgewiesene begrenzte Lernwirksamkeit von

Experimenten im Physikunterricht kann man u.a. darauf zurückführen, dass für Lehrkräfte und Lernende die eigentliche *Durchführung* des Experiments zu sehr im Vordergrund steht, während der *Hinführung* und der *Auswertung* zu wenig Unterrichtszeit zugemessen werden (Tesch & Duit, 2004). Der bewusste Dreierschritt Vorhersagen – Beobachten – Vergleichen und Erklären hat sich als Grundmuster für die lernwirksame Einbettung von Unterrichtsexperimenten bewährt (Predict-Observe-Explain Strategie, z.B. Sokoloff & Thornton, 1997).

Schülerexperimente

Schülerexperimente gelten vielfach als Allheilmittel für die Probleme des Physikunterrichts. Immer wenn es um eine Verbesserung des Lernerfolgs oder die Förderung von Interesse (→ **Kap.7**) geht, wird der vermehrte Einsatz von Schülerexperimenten gefordert. Es fehlen jedoch die Belege für diesen intuitiv naheliegenden Lösungsansatz. Forschungsergebnisse zur Effektivität von Schülerexperimenten zeigen vielmehr noch klarer als bei Lehrerexperimenten, wie wenig der unreflektierte Einsatz von schülerzentrierten Experimenten bewirkt: Durch häufiges Experimentieren lässt sich weder der Lernerfolg verbessern noch zeigen sich nachhaltige Verbesserungen bei Motivation und Interesse (Lunetta, 1998). Schülerinnen und Schüler erlernen bei Schülerversuchen oft nicht einmal praktische Fähigkeiten wie die Bedienung oder den Anschluss eines Multimeters.

Wo liegen die möglichen Ursachen? Zum einen sind Schülerexperimente oft so gestaltet, dass die Lernenden sie erfolgreich bewältigen können, ohne dabei über physikalische Aspekte nachdenken zu müssen. Das gilt bei „kochbuchartig“ vorgegebenen Experimentieranleitungen besonders, ist aber ein generelles Problem bei schülerzentrierten Experimenten. Schülerinnen und Schüler sehen ihre Aufgabe in der Regel darin, den vorgegebenen Versuchsplan möglichst schnell abzuarbeiten und erkennen dabei nicht, dass sie physikalische Überlegungen anstellen sollen. Lernende bringen oft zu geringe Vorkenntnisse mit, um erkennen zu können, worum es beim Experimentieren überhaupt gehen soll. Sie können dann keinen Zusammenhang zwischen Theorie und Experiment herstellen. So kann für die Lehrkraft wie auch für die Lernenden ein falscher Eindruck entstehen, denn die Lernenden haben vielleicht einen sehr beschäftigten und zufriedenen Eindruck gemacht, auch können gute Messwerte entstanden sein, nur gelernt wurde kaum („very busy getting nowhere“).

Ein wesentlicher Aspekt zur Erhöhung der Wirksamkeit von Schülerexperimenten ist ihre gezielte Einbettung in den Lernprozess bzw. den Unterrichtsgang. Durch solche Maßnahmen konnte wiederholt eine erhebliche Steigerung des Lernerfolgs nachgewiesen werden (Singer, Hilton & Schweingruber, 2006). Diese Ergebnisse passen zu Forschungsergebnissen, nach denen weniger Oberflächenmerkmale (z.B. die Anzahl der durchgeführten Experimente) als mehr die Tiefenstrukturen des Unterrichts den Lernerfolg beeinflussen (→ **Kap. 11**).

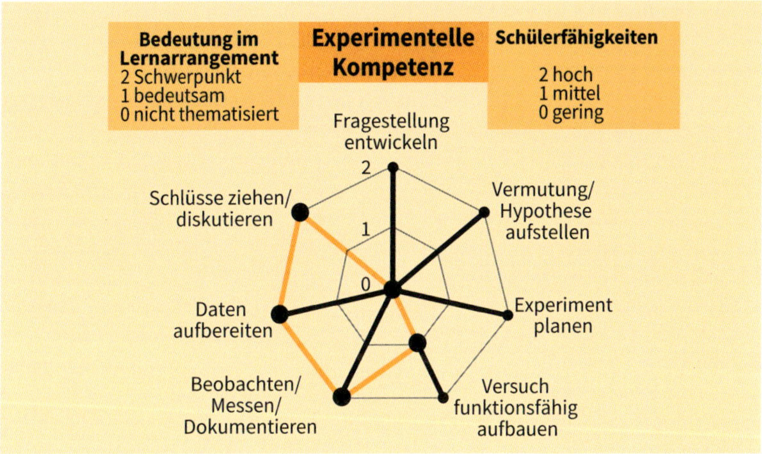

Abb. 14.2 Anhand des Fähigkeitsrasters können Schülerinnen und Schüler ihre experimentellen Kompetenzen einschätzen. Ebenso kann die Lehrkraft damit Rückmeldungen geben oder Schwerpunkte einer Experimentierphase im Unterricht hervorheben (Nawrath, Maiseyenka & Schecker, 2011).

Experimentelle Fähigkeiten

Mit der Einführung des Kompetenzbereichs Erkenntnisgewinnung in den Bildungsstandards (→ **Kap. 3**) geriet das naturwissenschaftliche Arbeiten stärker in den Fokus fachdidaktischer Forschung und Entwicklung. Besonders bewährt hat sich dabei, auf die verschiedenen Phasen des Experimentierens jeweils spezifischen Fokus zu legen und dies im Unterricht deutlich zu machen. Nawrath, Maiseyenka und Schecker (2011) beschreiben ein praxiserprobtes Konzept, mit dem Schülerinnen und Schüler beim Erwerb experimenteller Kompetenzen unterstützt werden (**Abb. 14.2**). Es gibt dazu ein umfangreiches Materialangebot.

Es zeigt sich außerdem, dass die Kontrolle von Variablen beim Experimentieren ein für Schülerinnen und Schüler besonders schwer zu verstehendes Konzept ist. Gleichzeitig kann man dies aber auch gezielt trainieren, wie die Arbeiten von Schwichow, Christoph und Härtig (2015) zeigen.

Fazit

Experimentieren im Physikunterricht ist ein altes Thema. Der Schwerpunkt der fachdidaktischen Literatur hat sich durch Studien zur Wirksamkeit von Unterrichtsexperimenten jedoch gewandelt. Während es früher vorrangig um die Kunst des Demonstrierens ging, steht heute der Lernprozess im Vordergrund. Dabei geht es vor allem um die Frage, ob das gewählte Experiment an der speziellen Stelle des Unterrichts in der ausgewählten

Form dazu dient, die Unterrichtsziele zu erreichen. Es ist nicht sinnvoll, Experimente um des Experimentierens Willen durchzuführen, etwa weil ein bestimmtes Gerät in der Sammlung vorhanden ist oder ein Unterrichtsbesuch ansteht. In empirischen Untersuchungen konnte praktisch kein Zusammenhang zwischen dem Einsatz von Experimenten und dem Lernerfolg oder den Einstellungen der Lernenden gegenüber dem Physikunterricht festgestellt werden. Um das Potenzial von Experimenten für das Lehren und Lernen von Physik besser auszuschöpfen, kommt es auf den bewussteren Einsatz von Experimenten an. Nicht die Anzahl der Unterrichtsexperimente oder ihr zeitlicher Umfang ist ausschlaggebend für Lerneffekte.

Lehrkräfte müssen sich klar sein und den Lernenden verdeutlichen, worum es bei einem bestimmten Experiment geht. Sollen die Schülerinnen und Schüler lernen, präzise Messungen bei einer gegebenen Fragestellung durchzuführen (z. B. anhand der Bestimmung des Ortsfaktors g)? Soll der Umgang mit Messgeräten erlernt oder Funktion und Aufbau eines technischen Gerätes erkundet werden? Soll ein gesetzmäßiger Zusammenhang verdeutlicht werden (z. B. Zeit-Orts-Gesetze anhand von Fahrbahnexperimenten)? Geht es darum, verschiedene Verfahren der tabellarischen und grafischen Auswertung von Messdaten zu üben? Das Ziel des Unterrichts und das Vorwissen der Lernenden bestimmen anhand solcher Fragen die Wahl geeigneter Experimente und die Formulierung des damit verbundenen Arbeitsauftrags. Es geht immer darum, ein Experiment gut in den Unterricht zu integrieren, damit es zu den intendierten Zielsetzungen und Lernprozessen der Schülerinnen und Schüler beitragen kann.

Literaturhinweise zur Vertiefung

Muckenfuß, H. (1995). Lernen im sinnstiftenden Kontext. Cornelsen, S. 334 ff.
Zur Diskussion über Unterschiede zwischen Schulversuch und Forschungsexperiment.

Singer, S. R., Hilton, M. L. & Schweingruber, H. A. (2006). America's Lab Report. National Academies Press. https://doi.org/10.17226/11311
Handreichung zum Einsatz von Schülerexperimenten.

KMK (Hrsg.) (2019). Richtlinie zur Sicherheit im Unterricht (RiSU). https://www.kmk.org/fileadmin/Dateien/veroeffentlichungen_beschluesse/1994/1994_09_09-Sicherheit-im-Unterricht.pdf
Regelungen zum sicheren Einsatz von Experimenten im Unterricht.

15. Medien

Medien sind im Unterricht (Ver-)Mittler für Informationen. Sie sollen das Lehren und Lernen unterstützen und sind Teil der Oberflächenstruktur des Unterrichts (→ **Kap. 11**). Um Medien funktionsgerecht im Unterricht einsetzen zu können, muss man ihre Möglichkeiten, aber auch ihre spezifischen Eigenheiten kennen. Fotografische Abbildungen verwenden andere Informationsschlüssel als Diagramme oder Texte. So können Medien bestimmte Aspekte hervorheben oder kompakt darstellen. Dies setzt allerdings voraus, dass Lernende die Darstellung verstehen bzw. dekodieren können, was vor allem bei höheren Abstraktionsgraden entsprechende Anforderungen stellt.

Der Begriff *Medien* umfasst eine Vielzahl von Hilfsmitteln für den Unterricht. Frühere Klassifikationen orientierten sich vorrangig an technischen und äußeren Aspekten. Bücher, Diapositive, Poster, Videos oder Computer verwenden zwar unterschiedliche Techniken, wenn sie aber alle das gleiche Bild wiedergeben, werden die Unterschiede lernpsychologisch betrachtet zweitrangig. Dennoch kann eine Spezifikation der Hardware sinnvoll sein, um den Einsatzrahmen, den Vorbereitungsaufwand oder auch die Verfügbarkeit herauszustellen. Im weiteren Sinn lassen sich auch Experimentiergeräte als Medien verstehen.

Weitere Klassifikationen unterscheiden nach *Informationskanal* (visuelle oder auditive Medien), *Abstraktionsgrad* (z. B. realistisches Bild oder Bildanalogie) oder nach *Symbolsystemen* (z. B. Text oder Grafik). Dazu kommen *didaktisch-methodische* Aspekte. Die Einbindung in den Lehr-Lernprozess ist von besonderer Bedeutung für das Lernen mit Medien. Beispielsweise erschließt ein Text eine breite Palette unterrichtlicher Aktivitäten (→ **Kap. 8**). Die Abbildung auf einer Internetseite oder im Schulbuch wird nicht einfach nur gezeigt – sie wird erläutert, besprochen, diskutiert.

Funktion von Medien

Medien dienen im Unterricht nicht nur als Quelle für Sachinformationen. Medien können weitere wichtige Funktionen übernehmen bzw. unterstützen: Motivierung, Veranschaulichung, Visualisierung, Unterstützung beim selbstgesteuerten Erarbeiten, Wiederholen und Üben, Kontrolle, Feedback, Binnendifferenzierung sowie individuelle Förderung.

Auch wenn sich der Physikunterricht primär auf direkte Erfahrungen aus Natur, Technik und experimentelle Untersuchungen stützen soll, können Medien vor allem für Abstraktionen und Modellvorstellungen hilfreich sein, z. B. wenn die Bewegung der Teilchen eines idealen Gases in einer Simulation behandelt wird. Medien erweitern den Erfahrungskegel (**Abb. 15.1**).

Abbildung 15.2 betont zwei weitere Aspekte: Medien können bei der Darstellung von Wissen helfen, indem sie verschiedene Repräsentationen anbieten; und sie können bei der Verarbeitung von Informationen eine Hilfe sein. „Können" betont dabei, dass Medien Lernerfolge nicht per se garantieren. Nur bei einer Einbettung in den Lernprozess sind positive Effekte zu erreichen.

Für ein grundlegendes Verständnis zur Mediennutzung sind drei Erkenntnisse

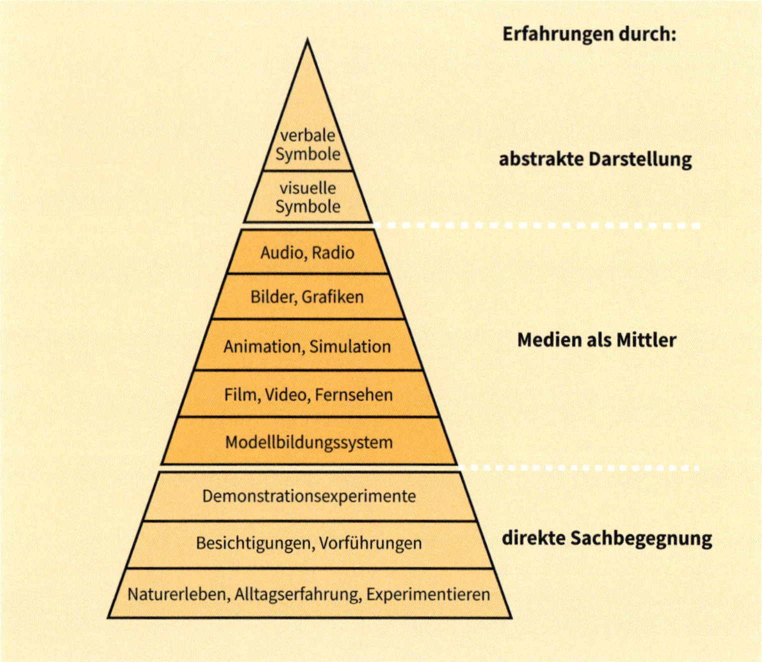

Abb. 15.1: Elemente eines Erfahrungskegels auf verschiedenen Konkretisierungsniveaus (Medien bieten sich als Mittler zwischen direkten und abstrakten Repräsentationen an).

aus der Forschung über Text- und Bildverarbeitung essenziell (Mayer, 2014; Schnotz, 2014):

1. Zwei *Informationskanäle* sind besonders relevant: Über die bild- und sprachbasierten Kanäle werden Informationen anfangs getrennt verarbeitet (*Dual Coding Theory* von Paivio, 1986; Clark & Paivio, 1991).
2. Die *Verarbeitungskapazitäten* sind für jeden Kanal beschränkt (Theorie des Arbeitsgedächtnisses nach Baddeley, 1992; *Cognitive Load Theory* von Chandler und Sweller, 1991).
3. Effektives Lernen verlangt aktive *Informationsverarbeitung* (Generative Theorie des Lernens von Wittrock, 1974 u. 1989).

Durch geeignete visuelle und verbale Unterstützung lassen sich die Verarbeitungstiefe und die Modellkonstruktion im Lernprozess unterstützten. Weitere Details beschreiben die *Cognitive Theory of Multimedia Learning* (Mayer, 2014) und das *Integrated Model of Text and Picture Comprehension* (Schnotz, 2014).

Abb. 15.2: Medien als Mittler

Externe Wissensrepräsentationen durch Medien

Zu unterscheiden ist zwischen externen und internen Wissensrepräsentationen, denn wahrnehmbare Sachverhalte (aus Natur, Alltag oder über Medien) werden nicht direkt in der kognitiven Struktur der Lernenden abgebildet. Beim Einsatz von Bild und Textmaterialien gelten die folgenden Aspekte unabhängig von dem Gerät, mit dem sie zum Einsatz kommen (Tafel, interaktives Whiteboard, Arbeitsprojektor). Näheres zu Texten im Physikunterricht findet sich in → **Kap. 8**.

Bildhafte Darstellungen

Issing (1983) unterscheidet Abbildungen, analoge Bilder und logische Bilder als Untergruppen von bildhaften Darstellungen. *Abbildungen* übermitteln wesentliche Merkmale der visuellen Wahrnehmung von Objekten und Szenen. Sie zeigen die äußerlichen Strukturen eines Sachverhaltes (z. B. eine Person, die einen Wagen anschiebt). Zu den Abbildungen zählen Fotografien bis hin zu Strichzeichnungen. *Analoge Bilder* dienen der Darstellung nicht direkt beobachtbarer Strukturen und Prozesse (z. B. Elektronenwolken zur Anzeige von Aufenthaltswahrscheinlichkeiten). Analoge Bilder nutzen entweder funktionale Analogien (z. B. Wassermodell zum elektrischen Stromkreis) oder strukturelle Analogien (z. B. Atommodelle mit den Bausteinen Kern und Schale). *Logische Bilder* (Grafiken, Diagramme,

Charts) verwenden eine hochgradige Schematisierung und haben einen hohen Abstraktionsgrad (z. B. Vektorpfeil für die Kraft, die eine Person auf einen Wagen ausübt). Beispielsweise können Liniengrafiken Zusammenhänge zwischen physikalischen Größen deutlich machen oder sie ermöglichen anschauliche Vergleiche zwischen Theorie und experimentellen Daten. Die Lernenden müssen jedoch mit dem Symbolsystem vertraut sein. Andernfalls sind ständig kognitive Kapazitäten für die Interpretation der Symbole belegt, was die Verarbeitung der eigentlichen Inhalte einschränkt.

Multiple Repräsentationen

Wissen wird flexibler anwendbar, wenn es in verschiedenen Repräsentationen verfügbar ist. Multiple Repräsentationen sind insbesondere bei komplexen Inhalten ein Mittel, um Details und unterschiedliche Perspektiven anschaulich zu machen, und spezielle Sachinformationen lassen sich am besten in spezifischen Darstellungen übermitteln. Fotografien, Strichzeichnungen, Diagramme, Formeln können jeweils bestimmte Akzente unterschiedlich deutlich machen. Bei der Informationsverarbeitung und bei Lernaktivitäten lassen sich unterschiedliche Schwerpunkte setzen (z. B. Arbeiten mit Mindmaps, Aufzeigen von Anwendungsmöglichkeiten physikalischer Zusammenhänge mit Videos). Ainsworth (2014, 2006) nennt drei weitere Funktionen und Vorteile, die sich aus der Zusammenschau mehrere Darstellungen bzw. multipler Repräsentationen ergeben: Unterschiedliche Repräsentationen können sich ergänzen. Zunächst unbekannte Repräsentationen lassen sich leichter interpretieren und verstehen, wenn ein Zusammenhang mit weiteren Darstellungen aufgezeigt wird. So kann die Repräsentation von Geschwindigkeiten durch Vektoren leicht aus Stroboskopbildern abgeleitet werden. Die Zusammenstellung verschiedener Repräsentationen kann Abstraktionen, Erweiterungen oder ein Erkennen von Relationen unterstützen.

Präsentationsmedien

Interaktive elektronische Displays haben in vielen Physikräumen Wandtafel oder Arbeitsprojektor abgelöst. Die Bereitstellung und Bearbeitung von Präsentationen wird technisch immer ausgereifter, wobei aber die elementaren Regeln für gute Text- und Bildgestaltung weiterhin zu beachten sind. Elektronische Displays sollten aber nicht nur fertige Folienpräsentationen wiedergeben. Mitzuerleben, wie eine sachbezogene Darstellung am Board (oder an der Tafel) schrittweise entwickelt wird, und gleichzeitiges eigenes Mitprotokollieren bleibt eine klassische Arbeitsform im Unterricht. Mit elektronischen Medien lassen sich direkt Simulationen in den Textfluss einbetten, Umfragen oder kleine Aufgaben in Echtzeit durchführen und auswerten, Videos vorführen, experimentelle Daten auswerten u. v. a. m. Weiterentwickelt haben sich Kombinationsmöglichkeiten frontaler Darstellungsmittel (insbes. das interaktive Whiteboard) mit Geräten in Hand der Lernenden wie Tablets: Wechsel zwischen Besprechungen im Plenum und individuellen Arbeitsphasen an mobilen Endgeräten sowie die Präsentation von Resultaten im Plenum sind leicht möglich. Ein klassisches Medium sind *Poster* bzw. *Wandbilder*. Sie können Bild und/oder Text

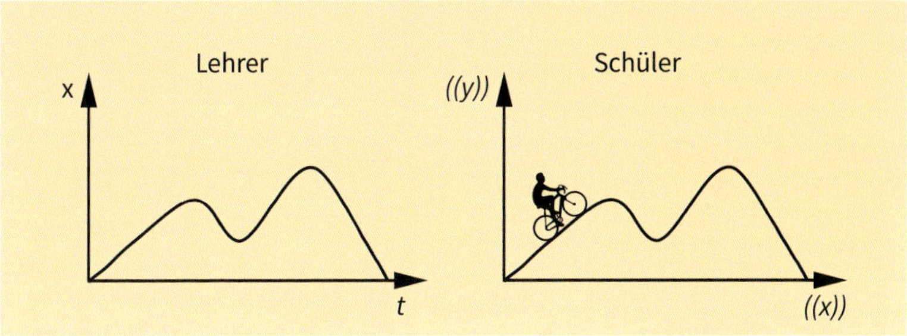

Abb. 15.3 Oberflächlich sichtbare Merkmale überdecken die abstrakte Bedeutung.

dauerhaft bereitstellen. Ihr Nutzungsspektrum reicht von konkreten Anschauungshilfen und Übersichten für den Unterricht bis zur Motivierung für eine Beschäftigung mit physikalischen Sachverhalten.

Multimodale Angebote

Multimodaler Medieneinsatz spricht mehrere Sinnesorgane an. Eine Kombination von akustischen und visuellen Informationen kann Zusammenhänge und Wechselbezüge erschließen. Beispielsweise gibt es zur Akustik Anwendungen, bei denen Hörerlebnisse mit entsprechenden grafischen Darstellungen von Luftdruckschwankungen bzw. Signalen eines Mikrophons verknüpft werden (https://www.didaktikonline.physik.uni-muenchen.de/multimedia/acoustic/).

Kognitive Aktivitäten anregen

Eine aktive Auseinandersetzung mit Inhalten macht neues Wissen dauerhafter und flexibler verfügbar, weil es tiefer verarbeitet wird (Craik & Lockhart, 1972; Anderson & Reder 1979). Neben Methoden, die bereits für klassische Medien entwickelt wurden, entstehen immer mehr Verfahrensweisen, die besondere Möglichkeiten digitaler Medien nutzen.

Arbeiten mit Bildmedien

Die Lehrkraft sollte eine Sensibilität für typische Probleme bei der Arbeit mit Bildmedien entwickeln und schnell und sicher folgende Fälle erkennen:

- Lernende betrachteten ein Bild nur oberflächlich. Wichtige Elemente oder Details werden nicht bewusst verarbeitet.
- Bestimmte Bildelemente werden nicht oder nur unzureichend verstanden (z. B. aufgrund mangelnder Vertrautheit mit den Symbolen).
- Lernende betrachten ein Bild unter anderen Aspekten als von der Lehrkraft intendiert. Diagramme werden oft falsch interpretiert (**Abb. 15.3**).

Daher sollte die Aufmerksamkeit durch die Gestaltung des Bildes oder über Zusatzhinweise auf die physikalisch relevanten Aspekte gelenkt werden. Die Interpretation von Figuren, Mustern oder Graphen muss ausführlich geübt werden und die zentrale Bildaussage sollte man von den Lernenden in eige-

nen Worten formulieren lassen. Für jüngere Schülerinnen und Schüler sind dabei konkrete Aufgabenstellungen wie Beschriften, Abzeichnen oder Ergänzen von Bildteilen sinnvoll. Damit lässt sich die Aufmerksamkeit auf bestimmte Elemente lenken und die Verarbeitungstiefe der Bildinformation verbessern.
Übungsformen zum Verarbeiten von Texten sind im → **Kapitel 8** aufgezeigt.

Materialien für individuelle Lernaktivitäten

Das *Arbeitsblatt* (klassisch als Papierausdruck oder auf digitalen Endgeräten) kann in ein Thema einführen, Wissen vertiefen oder den Lernstand überprüfen. Zeitökonomisch ist oft der Einsatz in Kombination mit einem frontalen Projektionsmedium: Dann kann simultan von Lehrenden und Lernenden daran gearbeitet werden. Alternativ kann aber auch die Erarbeitung zuerst gemeinsam erfolgen und das Arbeitsblatt dann nachträglich zur Festigung oder zur Lernzielkontrolle eingesetzt werden. Arbeitsblätter zum gleichen Thema, jedoch mit unterschiedlichen Anforderungen ermöglichen Differenzierungs- und Individualisierungsmaßnahmen im Physikunterricht (→ **Kap. 12** und **13**). Arbeitsblätter sind auch bei der Durchführung von Schülerversuchen im Physikunterricht hilfreich, sollten aber auch sprachlich durchdacht sein (→ **Kap. 8**). Dabei können sie neben einer thematischen Einordnung, einer Skizze zum Versuchsaufbau auch die Datenerfassung, Auswertung und Zusammenstellung der Ergebnisse mehr oder weniger stark lenken. (→ **Kap. 14**).
Arbeitstexte (mit Abbildungen) im klassischen Schulbuch oder im Internet bieten eine große Funktionsbreite als Werkzeuge für den Unterricht. Sie können:

- als Fachliteratur Inhalte ausführlich darstellen und ein Stoffgebiet strukturieren;
- vergleichbar einem Nachschlagewerk die Übersicht über ein Stoffgebiet anbieten;
- Material in Form von Bildern, Grafiken, Tabellen oder Texten anbieten;
- über ansprechende visuelle Darstellungen zum Lernen motivieren und Behaltensleistungen verbessern;
- selbständiges Lernen anregen und fördern;
- Wiederholungen und Vertiefungen zum Stoff anbieten;
- für individuelles Arbeiten entsprechende Aufgaben und Übungen bereitstellen;
- Versuchsanleitungen zur Unterstützung experimenteller Arbeiten anbieten.

Eine selektive Nutzung solcher Angebote bietet auch für kurze Unterrichtsabschnitte attraktive Arbeitsmöglichkeiten (adaptiert nach Merzyn, 1994):

- eine Abbildung für einen motivierenden Einstieg in ein Themengebiet nutzen;
- die Funktionsweise eines Gerätes oder einer Modellvorstellung anhand einer Schemazeichnung im Buch erklären und diskutieren;
- ein Diagramm oder eine Wertetabelle mit der Klasse diskutieren;
- Schülerexperimente nach Anleitung durchführen;
- eine gut formulierte historische Textpassage gemeinsam lesen;

- Übungsaufgaben lösen (ggf. auch Musterlösungen durchgehen);
- Fachbegriffe aus einem aktuellen Bericht über das Stichwortverzeichnis eines Buches oder eine Internetrecherche suchen und klären.

Lernen mit digitalen Medien

Digitale Medien bieten gegenüber klassischen Medien weitergehende Möglichkeiten. Sie sind interaktiv, verknüpfen flexibel verschiedene Präsentationsformen und Codesysteme (z. B. Kombination von Bildern, Grafiken, Animationen mit Texten, Multicodierung) und können unterschiedliche Sinneskanäle gleichzeitig nutzen (Multimodalität).

Multimediale Darstellungen können den Zugang zu Lerninhalten verbessern und Suchprozesse beim Problemlösen erleichtern. So ist aus der Theorie der kognitiven Flexibilität (Spiro et al., 1988) abzuleiten, dass Wissen in verschiedenen Formen präsentiert werden und in verschiedene Szenarien eingebunden sein soll. Allerdings kann die Kombination verschiedener Darstellungen auch die Informationsdichte zu sehr heraufsetzen und schnell überfordern (einen sog. *cognitive overload* verursachen).

In empirischen Untersuchungen (Mayer, 1997, 2001) wurden verschiedene Effekte deutlich, die als Kriterien bei der Auswahl von Multimediaanwendungen für den Unterricht zu bedenken sind:

- Lernergebnisse fallen besser aus, wenn die Information in Text und Bild und nicht nur als Text allein angeboten wird (Multimediaeffekt).
- Es ist günstiger, animierte Darstellungen zusammen mit gesprochenem statt mit geschriebenem Text zu präsentieren (Modalitätseffekt, Redundanzeffekt).
- Text sollte in unmittelbarer Nähe zu der korrespondierenden Abbildung platziert werden und nicht in größerer Entfernung (räumliches Kontiguitätsprinzip).
- Animationen und die entsprechenden verbalen Erläuterungen sollten simultan angeboten werden (zeitliches Kontiguitätsprinzip).
- Irrelevante Texte, Bilder und Vertonungen sollten ausgeblendet werden (Kohärenzeffekt).
- Animationen mit Spracherläuterungen müssen nicht noch zusätzlich über einen Text mit identischen Informationen erklärt werden. Zu viel gleichwertige Informationen sind unnötig und können sogar stören (Redundanzeffekt).
- Zusätzliche Hinweise zur Informationsverarbeitung (bei komplizierten Inhalten) oder ein entsprechendes Vortraining zur Arbeit mit Medien sind hilfreich.

Digitale Medien für den Physikunterricht

Anwendungen für den Physikunterricht lassen sich nach ihren Nutzungsmöglichkeiten beim Lernen einteilen. Für die Unterrichtvorbereitung und die Anwendung ist es sinnvoll, die nachfolgenden Grundformen zu kennen, auch wenn moderne Anwendungen in der Regel mehrere Nutzungsbereiche kombinieren:

- *Übungsprogramme* bieten Aufgaben an, registrieren die Antwort und geben eine entsprechende Rückmeldung. Adaptive Systeme analysieren die Antworten und reagieren individualisiert auf das Lernendenverhalten.

- *Tutorielle Programme* liefern zunächst Informationen zu einem Sachverhalt, prüfen dann das Verständnis über Fragen ab und setzen die Lerneinheit nach einer Rückmeldung an den Lernenden mit entsprechend weiterführenden Programmteilen fort.
- *„Cognitive Tools"* machen den Computer zum Hilfswerkzeug bei der Arbeit an physikalischen Fragestellungen. Dazu gehören insbesondere Tabellenkalkulationsprogramme zur Datenauswertung und Computeralgebrasysteme bei der Modellierung, aber auch Mindmapping- oder Conceptmapping-Software zur Visualisierung begrifflicher Zusammenhänge.
- *Simulationen* rekonstruieren physikalische Sachverhalte, z. B. Bewegungsvorgänge, auf der Basis von formal-logischen Modellen (z. B. der Newton'schen Dynamik). Man kann Parameter variieren und ihren Einfluss auf das Systemverhalten und ihre Bedeutung im Rahmen des Modells erfahren.
- *Modellbildungssysteme* ermöglichen im Unterschied zu Simulationsprogrammen auch die Änderung der Modellannahmen, z. B. der zugrunde gelegten Bewegungsgleichungen. Kausalzusammenhänge werden aus dem Modellverhalten erfahrbar.
- *Interaktive Bildschirmexperimente (IBE)* erweitern die experimentellen Möglichkeiten im virtuellen Bereich und sind vor allem dort interessant, wo Experimente im Schulbereich zu aufwändig oder aus Sicherheitsgründen nicht realisierbar sind (z. B. Umgang mit Radioaktivität). Sie bilden Realexperimente durch direkt manipulierbare dynamische Abbildungen nach und laden in eine virtuelle Laborwelt ein.
- *Messwerterfassungssysteme* erweitern die experimentellen Möglichkeiten und können auch gleich eine Auswertung der Daten vornehmen. Mittlerweile gibt es von den Lehrmittelfirmen eine Vielzahl solcher Systeme in Paketen mit weiteren Anwendungen.
- *Videoanalyse- und Akustikprogramme* machen es möglich, eigene Bild- oder Tonaufzeichnungen von Smartphones zu bearbeiten. Damit lassen sich beispielsweise Bewegungsvorgänge kinematisch untersuchen – auch in Zeitlupe – bzw. akustische Signale analysieren. Realitätsnähe und Alltagsbezüge sind leicht zu verwirklichen.
- *„Stumme Videos"*, die Physikexperimente zeigen und für die Nachvertonung vorbereitet sind, bieten sich an, um physikalische Abläufe zu beschreiben, kommentieren oder begleitend zu erklären (https://www.didaktik.physik.lmu.de/lehrerbildung/lehrerbildung_lmu/video/)
- Das *World Wide Web* bietet heute das breiteste Informationsangebot. Auch hier sind die Bedingungen für ein Lernen mit Bild- und Textinformationen zu berücksichtigen bzw. entsprechende Vorbereitungen und Ergänzungen für den Unterricht sind einzuplanen. Im Unterricht müssen Kriterien für die Qualitätsprüfung der Informationsangebote erarbeitet werden. Dazu zählt die Frage nach der Glaubwürdigkeit eines bestimmten

Angebots im Netz (z. B. Forschungsinstitut, Bürgerinitiative, Firma oder Privatperson) und welche fachliche Kompetenz bzw. Qualitätssicherung man dem Anbieter unterstellen kann. Der zielgerechte Umgang mit dem Angebot erfordert neue Kompetenzen (effektive Suchstrategien, Organisation der Verarbeitung, „laterales" Lesen, Faktenchecks). Statt einer freien Internetrecherche bieten sich vorstrukturierte WebQuests an. (https://unterrichten.zum.de/wiki/WebQuest)

- Alle Schülerinnen und Schüler kennen und verwenden *Erklärvideos*, die über das Word Wide Web in sehr großer Zahl verfügbar sind. Man kann auch selbst Erklärvideos erstellen oder Lernende erstellen lassen. Die Qualität der Erklärvideos auf YouTube ist sehr heterogen. Gute Erklärvideos zeichnen sich z. B. dadurch aus, dass auf eine allgemeine Regel ein Beispiel folgt oder durch eine gute Adaption an den Wissensstand der Betrachtenden (https://physikdidaktik.com/erklaervideos/)

Physik mit mobilen Endgeräten

Smartphones sind das zentrale Kommunikationsmedium der heutigen Jugend, fast alle 12 – 20-jährigen besitzen ein eigenes Gerät (Medienpädagogischer Forschungsverbund Südwest, 2018). Smartphones bieten aber nicht nur Möglichkeiten für flexible und ortsunabhängige Recherchen im Internet, für einfache Dokumentationen von Sachverhalten in Bild, Ton und Video sowie digitale Kommunikation. Darüber hinaus sind in Smartphones eine Vielzahl von Sensoren eingebaut. Damit lässt sich eine ganze Reihe von physikalischen Experimenten zu Schulphysik realisieren. Dies beinhaltet sowohl einfache Varianten von klassischen Schulversuchen als auch Anwendungen und Messungen in Alltag und Umwelt. Weitere Details und Programme sind z. B. über Phyphox (https://phyphox.org) oder in Kuhn und Vogt (2019) zu finden.

Literatur zur Vertiefung

Girwidz, R. & Hoyer, Chr. (2018). Didaktische Aspekte zum Einsatz von digitalen Medien – Leitlinien zum Lernen mit Multimedia, veranschaulicht an Beispielen. In J. Maxton-Küchenmeister & J. Meßinger-Koppelt (Hrsg.), Naturwissenschaften digital: Toolbox für den Unterricht. Joachim Herz Stiftung Verlag. https://www.mint-digital.de/experimente/naturwissenschaften-digital-toolbox-fuer-den-unterricht/
Grundsätze im Überblick, veranschaulicht an konkreten Beispielen.

Schanze, S., & Girwidz, R. (2018). Lernen mit digitalen Medien. In D. Krüger, I. Parchmann, & H. Schecker (Hrsg.), Theorien in der naturwissenschaftsdidaktischen Forschung, Springer, 177–192.

Forschungsorientierte Übersicht über Arbeiten und Fragestellungen zum Lehren und Lernen mit digitalen Medien.

Kuhn, J., & Vogt, P. (Hrsg.). (2019). Physik ganz smart. Springer.
Umfangreiches Buch zum Einsatz des Smartphones im Physikunterricht.

Hillmayr, D., Reinhold, F., Ziernwald, L., & Reiss, K. (2017). Digitale Medien im mathematisch-naturwissenschaftlichen Unterricht der Sekundarstufe. Einsatzmöglichkeiten, Umsetzung und Wirksamkeit. Waxmann. URN: urn:nbn:de:0111-pedocs-154822
Überblick über den Forschungsstand und die Einsatzmöglichkeiten digitaler Medien.

Einige wichtige Homepages zu digitalen Medien sind in → Kapitel 18 enthalten.

16. Leistungsmessung und Schülerbeurteilung

Leistung messen und beurteilen, das gehört zum Kern der Lehrertätigkeit. Das Thema ruft aber seit jeher viele Fragen, heftige Diskussionen und starke Kritik hervor. Ein immer wieder vorgetragener Verdacht behauptet, dass sich die Leistungsmessung negativ auf das Lernen auswirke. Demgegenüber betont Weinert (2001), dass Leistungen und Leistungsbeurteilungen für Schülerinnen und Schüler notwendige Erfahrungen sind, damit sie eine Leistungsbereitschaft entwickeln und ein möglichst positiv getöntes, realistisches Selbstbewusstsein eigener Tüchtigkeit und Leistungsfähigkeit aufbauen. Lernsituationen und Leistungssituationen sollten jedoch auch aus der Schülerperspektive unterschieden und voneinander getrennt werden, da sie unterschiedlichen psychologischen Bedingungen unterliegen. Im Bewusstsein der Schülerinnen und Schüler müssen sie so separiert werden, dass eine produktive Lernkultur entsteht, die eine Leistungskultur mitdenkt. Bei der Leistungsmessung steht die Leistungsdiagnostik mit Verfahren der Leistungsfeststellung und deren Funktion im Vordergrund. Bei der Schülerbeurteilung sind es die Beurteilungsverfahren mit deren Bezugsnormen und Qualitätsmerkmalen. Davon kann man die lernförderliche Diagnostik abgrenzen. Bei ihr geht es darum, Informationen über Lernprozesse und ihre Qualität zu gewinnen, um Lernen besser fördern zu können.

Gütekriterien und Merkmale der Leistungsdiagnostik

Aus der psychologischen Testtheorie heraus werden seit Jahrzehnten drei Gütekriterien auf die pädagogische Diagnostik übertragen, nämlich Objektivität, Reliabilität (Zuverlässigkeit) und Validität (Gültigkeit). Untersuchungen zeigen, dass Schulnoten weder objektiv, reliabel noch valide sind, es nicht sein können und auch nicht sein müssen. Statt dieser testtheoretisch begründeten Gütekriterien braucht die Leistungsmessung in der Schule pädagogisch begründete und für alle Akteure transparente Gütekriterien. Die Denkweise der „pädagogisch günstigen Voreingenommenheit“ (Helmke, 2004, 89 f.) sollte sich zunehmend durchsetzen. Unter pädagogisch günstiger Voreingenommenheit als Gütekriterium ist zu verstehen:

- Die Leistungsdifferenzen in der Klasse werden nur mäßig unterschätzt.
- Die individuellen Lernmöglichkeiten werden leicht überschätzt.
- Erfolge werden subjektiv mit der Begabung eines Schülers oder einer Schülerin begründet, Misserfolge eher durch mangelnde Anstrengung oder eigene Fehler im Unterricht erklärt.

Pädagogisch günstige Voreingenommenheit ist auf die Förderung der individuellen Schülerleistung und den förderlichen Ausbau des Selbstkonzeptes ausgerichtet. Die Qualität der Schülerbeurteilung zeigt sich in einer Reihe von theoretisch abgesicherten und in der Praxis bewährten Merkmalen (**Abb. 16.1**).

Was bedeutet das für den Unterricht?

Lernsituationen und Leistungsüberprüfungssituationen voneinander trennen

Den Lernenden muss klar sein, ob sie sich in einer Lernsituation oder einer ex-

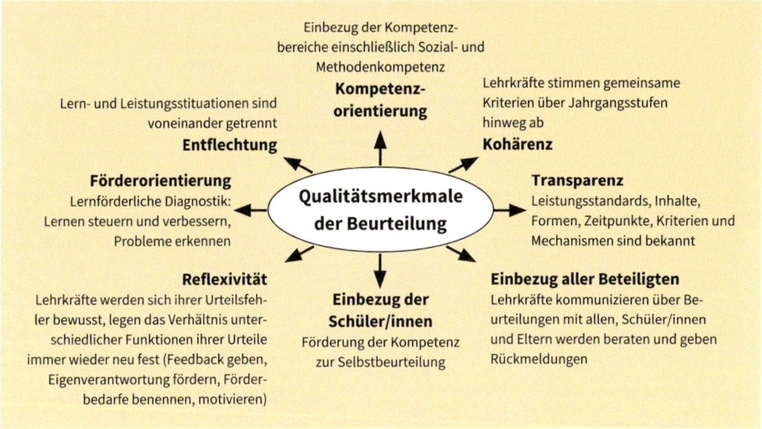

Abb. 16.1: Qualitätsmerkmale der Leistungsbeurteilung

pliziten oder impliziten Leistungs- und Beurteilungssituation befinden (Qualitätsmerkmal Entflechtung). Verbale und nonverbale Signale sind hier tauglich. Eine abfragende Gesprächsführung, wie sie im fragend-entwickelnden Unterrichtsgespräch im Physikunterricht häufig anzutreffen ist (→ **Kap. 10**), erzeugt eine Atmosphäre der Überprüfung. Eine diskursive Gesprächsführung mit offenen Fragestellungen, variable Sozialformen, der Einsatz von Methoden-Werkzeugen (→ **Kap. 13**) und Lernaufgaben (→ **Kap. 12**) schaffen eine adäquate Lernsituation. Es sollte klar sein, wann Unterrichtssituationen der Leistungsbeurteilung dienen und wann nicht (Qualitätsmerkmal Transparenz). Das bedeutet nicht, dass Lehrkräfte in Lernsituationen das Lernen ihrer Schülerinnen und Schüler und mögliche Lernprobleme nicht diagnostizieren sollen. Ganz im Gegenteil, sie tun dies dann aber im Sinne einer lernförderlichen Diagnostik.

Was beurteilt wird, muss vorher auch gelernt und geübt werden

Lernende haben ein außerordentlich gutes Gespür für Fairness in der Beurteilung. Aus den Qualitätsmerkmalen ergibt sich zwingend die Verpflichtung, das zu Überprüfende in angemessener Intensität vorher zu üben, damit die Lernenden zeigen können, „was sie können" und nicht das Gefühl haben, dass ihnen bloß gezeigt wird, „was sie alles nicht können".

Das ganze Spektrum der Kompetenzen der Bildungsstandards überprüfen

Gemäß den Bildungsstandards für das Fach Physik (→ **Kap. 3**) gehören alle vier Kompetenzbereiche (Fachwissen, Erkenntnisgewinnung, Kommunikation, Bewertung) in die Schülerbeurteilung. Dazu müssen Aufgabenformate erstellt werden, die diese Kompetenzen sowohl in der Breite (Kompetenzbereiche) wie in der Tiefe (Anforderungsbereiche) überprüfen. Es empfiehlt sich, dazu Aufgabenteile und Formen mündlicher und praktischer Prüfung zu entwickeln, die in die Kompetenzmatrix der Bildungsstandards eingeordnet werden können (erweiterte Beurteilung).

Leistungsmessung im Physikunterricht

Im Physikunterricht bieten sich folgende Formen der Leistungsfeststellung und -beurteilung an:

- schriftliche Leistungsfeststellungen wie Klassenarbeiten, Tests, Vergleichsarbeiten, Protokolle, schriftliche Hausaufgaben, Facharbeiten, schriftliche Ausführungen, Portfolios;
- mündliche Leistungsfeststellungen wie diskursives Fachgespräch, mündliches Abfragen, mündlicher Vortrag, Referat, mündliche Beiträge, Erfahrungsberichte, mündliche Hausaufgaben;
- praktische Leistungsfeststellungen wie dokumentierte Schüler- und Hausexperimente, Projektergebnisse, Plakate, Präsentationen.

Wie stellt man eine Klassenarbeit zusammen?

Mit der Erstellung der Klassenarbeit sollte man Wochen vor der Arbeit am besten begleitend zum Unterricht beginnen. Jede Minute, die in die Erstellung investiert wird, erspart Korrekturzeit und Ärger. Die Klassenarbeit ist das Spiegelbild des Unterrichts. Sie muss die verschiedensten Unterrichtstätigkeiten und Lernvorgänge angemessen, ausgewogen, aber umfassend widerspiegeln und alle Arten und Qualitäten von Schülerleistungen überprüfen (z. B. Experimente entwickeln und beschreiben, Schaltskizzen entwerfen, Basiswissen kennen, Hypothesen formulieren, logische Schlüsse ziehen, Rechnungen durchführen, Formeln herleiten, Diagramme zeichnen, interpretieren, Formeln diskutieren). Leistungsaufgaben vermeiden Verunsicherung, die dagegen bei Lernaufgaben manchmal produktiv sein kann.

Zur Überprüfung, ob die Klassenarbeit alle Kompetenzbereiche erfasst, bietet sich die Kompetenzmatrix an, indem die einzelnen Aufgabenteile in die Felder eingeordnet werden.

Folgende Empfehlungen sind zu berücksichtigen:

- Die Klassenarbeit ist im Aufbau klar gegliedert.
- Die Aufgabenabschnitte weisen das Thema, Prüfungsschwerpunkt und die Prüfungsqualität aus (sinnvolle Überschriften).
- Die Aufgabenformulierung enthält Signalwörter als Operatoren (z. B. zeichne, berechne, erkläre, nenne, diskutiere, beschrifte, beschreibe, skizziere, diskutiere, kommentiere), deren Bedeutung den Schülerinnen und Schülern bekannt ist.
- Die Aufgaben erfassen und formulieren für die Schülerinnen und Schüler erkennbar alle Anforderungsbereiche (Reproduktion, Reorganisation, Transfer und problemlösendes Denken) in angemessener Weise.
- Der Aufgabentext ist sprachlich einfach und verständlich. Die Aufgabenlänge entspricht im Textumfang in etwa der Gewichtung der Teilaufgabe.
- Aus prüfungspsychologischen Grün-

Kompetenzbereiche					
		Fachwissen	Erkenntnisgewinnung/Fachmethoden	Kommunikation	Reflexion/Bewertung
Anforderungsbereiche	I	Wiedergeben von Fachwissen	Beschreiben und Einsetzen von Fachmethoden	Darstellen von Sachverhalten in vorgegebenen Formen	Angeben von Bezügen
	II	Anwenden von Sachverhalten eines abgegrenzten Gebietes	Anwenden von Fachmethoden	Situationsgerechtes Anwenden von Kommunikationsformen	Herstellen einfacher Bezüge und Wiedergeben von Bewertungsansätzen
	III	Problembezogenens Erarbeiten, Einordnen, Nutzen und Werten von Wissen	Problembezogenens Auswählen und Anwenden von Fachmethoden	Situationsgerechtes Auswählen und Einsetzen von Kommunikationsformen	Erstellen von Bezügen und Bewerten von Sachverhalten

Tab. 16.1: Kompetenzmatrix der Bildungsstandards Physik (→ Kap. 3, Abb. 3.3)

den überschreitet der Aufgabentext der Gesamtprüfung zwei Seiten nicht.

- Der Anteil einzelner Aufgaben und Teilaufgaben an der Gesamtnote ist transparent (z. B. durch Angabe von Punkten).
- Arbeitsunterlagen (z. B. Versuchsskizzen, Diagramme, Tabellen, Texte) werden entweder in einer Anlage übersichtlich und nummeriert untergebracht oder optisch übersichtlich in die Aufgabenstellung integriert.

Wie führt man eine mündliche Prüfung durch?

Eine mündliche Prüfung ist keine schriftliche Prüfung, die lediglich mündlich vorgetragen wird. Mündliche Prüfungen erfassen verglichen mit schriftlichen Prüfungen Leistungen anderer Art, die in erster Linie die Kompetenzbereiche Kommunikation und Bewertung (Reflexion) betreffen. Dazu bedarf es entsprechender Aufgabenformate, die im Unterricht regelmäßig geübt werden müssen. Bei der Aufgabenstellung sind zu vermeiden:

- reines Abfragen gedächtnismäßig fixierten Wissens;
- umfangreiche, trickreiche Rechnungen, Ableitungen etc.;
- verkürzte Klassenarbeitsaufgaben;
- trickreiche Fragen, die ein allzu langes Nachdenken erfordern;
- Suggestivfragen und Fragen nach dem Motto: „Denk dir mal, was ich mir jetzt denke".

Gute Aufgabenstellungen beinhalten Aufgaben, Materialien, Experimente, fachliche Probleme, Situationen, Fallbeispiele, Quellen etc., die

- Anlass geben, in Fachkommunikation zu treten;
- vielfältige fachliche Methoden tangieren;
- Bezüge zwischen verschiedenen Gebieten herstellen;
- den Schülerinnen und Schülern Raum für verschiedenartige Antworten geben;
- das Basiswissen kurz und auskunftssicher ansprechen;
- eine Fachkommunikation ermöglichen.

Beim Führen des Prüfungsgesprächs ist zu beachten:

- nach einer Prüfungsfrage Zeit zum Nachdenken einräumen
- die Prüflinge erst einige Minuten ohne Eingreifen sprechen lassen;
- ermutigendes Zuhören, damit sich die Schülerinnen und Schüler „einreden" können und ihre eigene Linie finden;
- ggf. Wichtiges für den weiteren Prüfungsverlauf (z. B. Formeln, Begriffe, Skizzen) durch einen nonverbalen Wink an der Tafel fixieren lassen;
- bei kleinen Fehlern nicht unterbrechen, es sei denn, sie führen in eine Sackgasse;
- auf Fehler nur hinweisen, damit eine Eigenkorrektur möglich ist und erläuternde Fehlerkorrekturen im Sinne einer Nachhilfe vermeiden;
- Fehler als Rückmeldung an die Schülerinnen und Schüler zwecks Selbsteinschätzung kommentieren, z. B. mit 'falsch', 'das ist nicht ganz vollständig', 'im Kern richtig, aber unpräzise'; nonverbale Hinweise bevorzugen.

Ein Prüfungsgespräch sollte den Charakter eines diskursiven Fachgesprächs haben, das Leistungspotenziale und -defizite feststellt.

Wie bewertet man Versuchsprotokolle?

Ein Protokoll ist die Niederschrift über den Verlauf und/oder die Ergebnisse einer Veranstaltung und kann deshalb als Verlaufs- oder als Ergebnisprotokoll verfasst werden. Das Versuchsprotokoll ist eine Mischform. Alle Protokolle zeichnen sich durch formale Vorgaben aus, deren Berücksichtigung in die Bewertung eingeht. Alle Kriterien, die bei der Bewertung des Versuchsprotokolls herangezogen werden, müssen den Schülerinnen und Schülern vorab bekannt sein:

- Vollständigkeit und Form;
- Fertigkeiten beim Umgang mit Experimentiergeräten und beim Aufbau der Versuchsanordnung;
- Bewältigen der Beobachtungs- und Messaufgabe, Festhalten der Messwerte oder Formulierung der Beobachtungen;
- Ableiten von Schlussfolgerungen aus den gewonnenen Messwerten und den Beobachtungen;
- Erklären des Ergebnisses mit Hilfe vorhandener Kenntnisse;
- Herstellen des Bezugs zur Aufgabenstellung oder zur anfangs formulierten Hypothese;
- Nennen möglicher Fehlerursachen.

Falls das Protokoll im Sinne eines Lernprotokolls bewertet werden soll, muss es als solches angelegt sein. Dann werden

Lern- und Erkenntniswege, Entwicklungen und Reflexionen bewertet und weniger die Berücksichtigung formaler Normen.

Wie bewertet man Tätigkeiten bei der Durchführung von Experimenten?

Bei der Durchführung von Experimenten können in besonderem Maße die Methoden der Erkenntnisgewinnung, die Arbeitsmethoden der Physik und auch die Kompetenzen aus dem Kompetenzbereich „Kommunikation" bewertet werden. Schülerexperimente sind so ein- und durchzuführen, dass die gewünschten Kompetenzen von den Schülerinnen und Schülern gefordert und auch bewertet werden können. Die Bewertungskriterien werden am besten vorab mit den Lernenden erarbeitet:

- aktive Beteiligung an der Planung in der Gruppe;
- Beschaffung von Materialien und Informationen (auch aus dem Internet);
- richtiger Aufbau der Versuche und Sorgfalt beim Experimentieren;
- sachgerechter und pfleglicher Umgang mit den Arbeitsmaterialien;
- Beachtung der Ordnung im Fachraum und der Sicherheitsregeln beim Experimentieren;
- Offenheit für alternative Interpretationen und Variationen des Experiments;
- Eigenständigkeit bei der Erarbeitung von Zusammenhängen;
- Eigenständigkeit bei der Auswertung, sachgerechte Ergebnisdarstellung;
- selbstständige Arbeitsorganisation (u. a. termingerechte Abgabe).

Die Kriterien lassen sich mit entsprechenden Indikatoren in Beobachtungsbögen erfassen. Für die Bewertung unter einer weiter gefassten Kompetenz-Perspektive vgl. **Abb. 14.2.**

Wie kann man die Methodenkompetenz von Schülerinnen und Schülern bewerten?

Die Methodenkompetenz der Schülerinnen und Schüler umfasst allgemeine Arbeitsmethoden (Methoden der Informationsbeschaffung und -verarbeitung, Darstellung und Präsentation von Sachverhalten, Kommunikation und Kooperation mit anderen), Arbeitsmethoden der Physik (intuitiv-spekulatives Entdecken, hypothetisches Formulieren, induktives Finden, deduktives Ableiten, analoges Übertragen, schöpferisches Modellbilden, kreatives Theoretisieren, systematisches Explorieren ...) und die Lernmethoden. Alle Methoden können und sollen im Physikunterricht bewertet werden. Die Arbeitsmethoden der Physik zu bewerten ist den Bildungsstandards für den Mittleren Schulabschluss und das Abitur (→ **Kap. 3**) entsprechend verpflichtend.
Die Methodenkompetenzen können auf folgende Arten bewertet werden:

- Bewertung durch die Lehrkraft anhand von entsprechenden Kriterienlisten;
- Bewertung in Form eines Gesprächs mit Selbsteinschätzung der Schülerinnen und Schüler;
- Metareflexion über die angewandten Methoden und Bewertung durch die Lehrkraft.

Wie kann ein Portfolio zur Leistungsmessung genutzt werden?

Portfolios sind vorrangig als Lern- und Förderinstrument und nachrangig als Beurteilungsinstrument anzusehen.

Ambivalente Wirkungen des Portfolio-Einsatzes gibt es, wenn sie doppelgleisig eingesetzt werden. Mit Portfolios dokumentieren Schülerinnen und Schüler nach Vereinbarung mit der Lehrkraft ihre individuellen Lernfortschritte. Sie sammeln in eigens angelegten Mappen ihre besten physikalischen Leistungen, gelungene Tests, originelle Hausaufgaben, dokumentierte Hausexperimente, bearbeitete Aufgaben, Rechercheergebnisse zu bestimmten Themen, originelle Fragen, Beobachtungen im Alltag, Zusammenfassungen, Sammlung von physikalischen Alltagsphänomenen etc. Die Leistungsbewertung im Portfolio

- bewertet auch Verständnis, Durch- und Ausführungen;
- reflektiert ebenso die Prozesse des Lernens;
- bezieht eine Vielzahl von Methoden zur Dokumentation von Ergebnissen ein;
- ermöglicht bereits während eines Lernprozesses eine Selbstevaluation;
- dient unter Beschreibung von Stärken und noch auszugleichenden Defiziten insbesondere der weiteren Förderung des Lerners.

Portfolios lassen sich nicht so einfach wie Standardtests hinreichend eindeutig miteinander vergleichen und im Rangvergleich bewerten. Deshalb findet die Leistungsfeststellung im Rahmen eines Gesprächs statt, das am Ende mit einer Note abschließt. Das Gespräch über Produkte und Prozesse gibt Rückmeldungen zu Leistungsentwicklungen und bezieht die Ressourcen und individuellen Lösungen des Lerners mit in die Bewertung ein.

Bei den Bewertungskriterien wird immer auch ein Wert für die formale Qualität der Arbeit gegeben, der nach äußerer Gestalt und Handhabung, sachlich-formaler Richtigkeit und Stil aufgeteilt wird. Formale Bewertungskriterien sollten nicht isoliert erhoben werden, sondern Teil der sonstigen Bewertung sein und in einem konkreten Bezug zu anderen Kriterien stehen.

Wie setzt sich eine Physiknote im Zeugnis zusammen?

Die Festsetzung der Zeugnisnoten ist in den jeweiligen landesspezifischen Schulordnungen geregelt, insbesondere die anteilige Berücksichtigung von schriftlichen, mündlichen und sonstigen, z. B. praktischen Leistungen. Bei der Notenfindung sollten Lehrkräfte unbedingt reflektieren, ob und welchen Diagnostikfehlern sie möglicherweise aufsitzen (s. **Abb. 16.1:** Qualitätsmerkmal Reflexivität).

- Die Zeugnisnote wird von der zuständigen Fachlehrkraft festgesetzt, d. h. sie wird in der pädagogischen Verantwortung gebildet und nicht einfach berechnet. Unterschiedliche Ziele des Benotens (z. B. ein objektives, reliables und valides Urteil bilden, motivierendes Feedback für besondere Anstrengung geben) können dabei konkurrieren und müssen von der Lehrkraft reflexiv in ein angemessenes Verhältnis gesetzt werden.
- Die Gesamtnote soll durch eine hinreichende Zahl von Einzelnoten begründet sein, muss aber – sofern das Schulrecht dies zulässt –, nicht dem rechnerischen Durchschnitt der Einzelnoten entsprechen. Einzelnoten können verschieden

gewichtet werden, wenn dies durch den Schwierigkeitsgrad oder den Umfang der überprüften Leistungen begründet ist. Das Runden erfolgt nicht arithmetisch, denn Noten haben eine Rückmeldefunktion und sind pädagogische Botschaften an die Lernenden.
- Es müssen nicht bei allen Schülerinnen und Schülern die gleiche Anzahl von Noten für sonstige Leistungen erteilt werden, sondern hinreichend viele.
- Nur die mitgeteilte Note ist eine erteilte Note!
- Die Notentransparenz hinsichtlich der Maßstäbe und der Gewichtung muss gewährleistet sein.

Die Physiknote im Zeugnis muss die Lernleistungen in allen Aspekten und Facetten physikalischen Arbeitens über den Gesamtzeitraum des Schul(halb)jahres hinweg unter den gegebenen Lernbedingungen zutreffend erfassen.

Diagnostikfehler und subjektive Fehlerquellen

Beurteilende Lehrkräfte wissen aus eigener Erfahrung um folgende Fehlerquellen:
- Da stellt man fest, dass man mit der Benotung der Klassenarbeiten nach „hinten" hin immer strenger (oder milder) wird.
- Da gibt man einem Schüler oder einer Schülerin noch den Punkt, weil man sich nicht vorstellen kann, dass der so etwas Einfaches nicht weiß.
- Da ist man von dem ersten Teil der Bearbeitung so positiv überrascht, dass dieser Eindruck die anderen Teile überstrahlt.
- Da gibt man einer Schülerin oder einem Schüler eine Vier in der Epochalnote (mündlichen Note), weil sie oder er die doch immer hatte.
- Da werden schriftliche und mündliche Noten einander angepasst.
- Da wird mit Tendenznoten (plus/minus) eine hohe Messgenauigkeit vorgegaukelt.

Die Diagnostik von Lehrkräften fußt oftmals auf impliziten, hausbackenen, empirisch nicht belegbaren subjektiven Theorien, z. B., dass ein wacher, verständiger Gesichtsausdruck, eine ordentliche und saubere Arbeitsweise, ein geordnetes Elternhaus auf Intelligenz hindeuten und die Person dann besser benotet wird. Sympathie und Antipathie, eigenes Lernverhalten, Vorlieben und Persönlichkeitsprofile haben einen nachgewiesenen Einfluss auf die Leistungsdiagnostik. Nicht diese Tatsache selbst ist erschreckend, sondern der unprofessionelle Umgang damit. Ein professioneller Umgang erfordert Wachsamkeit, Selbstevaluation und Reflexivität den Fehlerquellen gegenüber. Aus vielen empirischen Untersuchungen sind subjektive Fehlerquellen bekannt, von denen hier nur einige genannt werden:
- Effekt der Vor- und Zusatzinformationen: Negative oder positive Zusatzinformationen über einzelne Schülerinnen und Schüler beeinflussen die Benotung. Beispiel: „Die Lisa macht in Mathematik nie ihre Hausaufgaben und in Physik scheint sie mir auch irgendwie faul zu sein."
- Sympathie-Effekt: Etliche Lehrkräfte bewerten Schülerinnen und Schüler, die ihnen sympathisch sind, zu güns-

tig und diejenigen, die ihnen unsympathisch sind, zu ungünstig.

- Effekt des ersten Eindrucks: Der erste positive oder negative Eindruck beeinflusst die nachfolgende Wahrnehmung einer Schülerin oder eines Schülers bis hin zur Bewertung.
- Voreinstellungs-Effekt: Z.B. „Jungen sind in Physik begabter als Mädchen".
- Reihenfolgen-Effekt: Die erste Note in einer Reihe von Prüfungen oder bei der Korrektur schriftlicher Arbeiten setzt den Maßstab für die nachfolgenden Noten. Oder man fängt streng an und hört milder auf (oder umgekehrt).
- Halo-Effekt: Von einem hervorstechenden Merkmal oder Gesamteindruck wird auf andere, nicht direkt beobachtbare Merkmale geschlossen. Beispiel: „Der Jonas ist doch so ein toller Schülersprecher, der kann in Physik doch gar nicht so schlecht sein!"
- Matthäus-Effekt: „Wer hat, dem wird noch mehr gegeben". Eine Schülerin oder ein Schüler mit bereits guten Noten hat es einfacher, weitere gute Noten zu bekommen.
- Referenzfehler: Um Leistung zu beurteilen, wird nur ein sozialer Maßstab (die Klasse, ein Jahrgang), aber kein klassenübergreifender, kriterialer Maßstabe (z.B. Kerncurriculum oder Bildungsplan) verwendet.
- Stabile Urteilstendenzen: Eine Lehrkraft gibt in der Tendenz immer eher besonders gute oder besonders schlechte Noten oder immer nur die mittleren Noten, weil er Extreme scheut.

Literatur zur Vertiefung

Duit, R. & Häußler, P. (1997) (Hrsg.). Unterricht bewerten. Unterricht Physik (Themenheft), 8(38).
Neben einem fundierten Übersichtsartikel werden in diesem Themenheft verschiedene alternative Methoden der Leistungsbewertung vorgestellt.

Grunder, H.-U. & Bohl, T. (Hrsg.) (2001). Neue Formen der Leistungsbeurteilung in den Sekundarstufen I und II. Hohengehren: Schneider.
Ein inspirierendes und anregendes Werk zu einem veränderten pädagogischen Bewertungsverständnis schulischer Leistungen mit vielen Praxisbeispielen.

Höttecke, D. (2015). Stolpersteine der Diagnostik und wie man sie umgehen kann. Unterricht Physik, 147/148, S. 11–13.
Probleme beim Diagnostizieren und Bewerten von Schülerleistungen, insbesondere Urteilsfehler, werden an Beispielen dargelegt.

Höttecke, D., Wodzinski, R., Heinicke, S., & Bellingrath, M. (2020). Lernförderliche Diagnose im Physikunterricht. In M. Sach, B. Sieve, & F. Hilker (Hrsg.), Physik unterrichten. Ein praktischer Leitfaden für Berufseinsteiger (S. 83 – 87). Friedrich.
Der Beitrag zeigt, Diagnostik und Leistungsbeurteilung hängen zwar eng zusammen, sind aber nicht das Gleiche. Guter Physikunterricht bedarf einer guten, lernbegleitenden Diagnostik.

Weinert, F. E. (Hrsg.) (2001). Leistungsmessungen in Schulen. Beltz.
Verschiedene Autoren geben in 23 Kapiteln einen kurzen Überblick zu Themen der empirischen Schulleistungsmessung und zum Stand der Forschung.

17. Schulleistungsstudien

Wenn über eine Verbesserung des deutschen Schulsystems und des Unterrichts diskutiert wird, fällt fast immer der Begriff PISA. PISA steht für „Programme for International Student Assessment", zu übersetzen etwa mit „Programm zur Messung von Schülerleistungen im internationalen Vergleich". Seit dem Jahr 2000 werden im Abstand von drei Jahren die Kompetenzen von 15-Jährigen in den Bereichen Lesen (Texterschließung), Mathematik und Naturwissenschaften untersucht. Dabei geht es nicht um die Bewertung von Schülerleistungen. Vielmehr soll die Leistungsfähigkeit der Schulsysteme untersucht werden. Parallel zu PISA läuft ein weiterer Zyklus von internationalen Vergleichsstudien unter dem Akronym TIMSS („Trends in International Mathematics and Science Study"). Daraus stammen die letzten deutschen Vergleichsdaten für die Wirkungen des Physikunterrichts der Oberstufe von der Mitte der 1990er-Jahre und aktuelle Ergebnisse zu naturwissenschaftlichen Kompetenzen in der Primarstufe. Seit 2012 wird zudem in Deutschland überprüft, ob die in den nationalen Bildungsstandards für die Naturwissenschaften (→ **Kap. 3**) festgelegten Kompetenzen erreicht werden.

PISA

Die Naturwissenschaften standen bei PISA bisher in den Jahren 2006 und 2015 im Fokus. PISA definiert naturwissenschaftliche Grundbildung (Scientific Literacy, → **Kap. 2**) bei 15-Jährigen als die Fähigkeit und Bereitschaft, sich mit naturwissenschaftlichen Fragen, Konzepten und Technologien als reflektierender Bürger auseinanderzusetzen. Dies erfordere die Kompetenz, „Phänomene naturwissenschaftlich zu erklären, naturwissenschaftliche Forschung zu bewerten und naturwissenschaftliche Untersuchungen zu planen sowie Daten und Evidenz naturwissenschaftlich zu interpretieren" (OECD, 2019, 30). Querverbindungen zum Kompetenzbegriff der deutschen Bildungsstandards (→ **Kap. 3**) sind klar erkennbar. Gemäß der international vorherrschenden Praxis, den naturwissenschaftlichen Unterricht in der Sekundarstufe I nicht nach Einzelfächern zu gliedern, umfasst der PISA-Leistungstest Aufgaben aus Physik/Chemie, Lebenswissenschaften und Geowissenschaften/Astronomie (Reiss, Weis, Klieme & Köller, 2019, 216). In den Bereich „physikalische Systeme" (Physik/Chemie) fallen ein Drittel der Aufgaben. Seit 2015 wird der Test am Computer durchgeführt. Dabei sind interaktive Simulationen in einige Aufgaben eingebunden, was die Messung prozessbezogener Kompetenzen erleichtert (Beispiele s. https://www.pisa.tum.de/pisa/beispielaufgaben/).

Die naturwissenschaftlichen Leistungen deutscher Schülerinnen und Schüler bewegen sich im internationalen Mittelfeld. Während im Jahr 2000 der Kennwert auf der PISA-Leistungsskala mit 487 Punkten unterhalb des auf 500 Punkte (mit einer Standardabweichung von 100 Punkten) normierten internationalen OECD-Mittelwerts lag, wurden 2018 503 Punkte erreicht (2012: 524 Punkte). In ganz grober Abschätzung entspricht dieser Leistungszuwachs etwa einem halben Jahr Unterricht (ein Schuljahr entspricht ca. 25 bis 30 Punkten Zuwachs auf der PISA-Skala). Die Länder der Spitzengruppe (z. B. Singapur

551, Estland 530 Punkte) haben bei den 15-Jährigen jedoch einen deutlichen Leistungsvorsprung. In Deutschland streuen die Ergebnisse gemäß den Ergebnissen der nationalen PISA-Ergänzungsstudien nicht nur stark über die Schularten, sondern auch innerhalb der Schülerschaft einer Schulart. Zudem sind die Unterschiede zwischen den Bundesländern hoch.

Für Aussagen zur physikalischen Kompetenz sind Globalwerte wenig aussagekräftig. Für detaillierte Aussagen können die Ergebnisse der PISA-Studien 2006 und 2015 herangezogen werden, in denen die Naturwissenschaften im Fokus standen (Prenzel et al., 2007; Schiepe-Tiska et al., 2016):

- Im internationalen Vergleich hatten 2015 überdurchschnittlich viele deutsche Schülerinnen und Schüler (10,6 %) naturwissenschaftliche Kompetenzen auf hohem Niveau und besaßen damit eigentlich gute Voraussetzungen für eine Spezialisierung in diesem Bereich. 2006 interessierte sich die Hälfte dieser Schülergruppe jedoch kaum für Naturwissenschaften. Interessierte Hochkompetente fand man vermehrt in Klassen, in denen Experimentieren, Anwendungsbezüge und Modellieren eine größere Rolle spielten.
- Im Unterschied zu den vorhergehenden Studien, die keine Unterschiede festgestellt hatten, erreichten Jungen 2015 signifikant höhere Leistungen als Mädchen. Das gilt besonders im Bereich der hohen Leistungsniveaus und bei physikalischen Systemen.
- Relative Stärken liegen im Bereich des Erklärens naturwissenschaftlicher Phänomene (besonders bei Jungen und im Bereich physikalischer Systeme). Relative Schwächen gibt es im Planen naturwissenschaftlicher Untersuchungen und im Bewerten naturwissenschaftlicher Sachverhalte. Dies zeigte sich 2015 ebenso wie 2006. Unterschiede zwischen den Bereichen „lebende Systeme" gegenüber „physikalische Systeme" waren 2015 nicht signifikant.
- Ein Unterricht, der gezielt ausgewählte und zurückhaltend dosierte Schülerexperimente eng mit eigenen Erklärungsansätzen und Schlussfolgerungen verbindet und Zusammenhänge zwischen naturwissenschaftlichen Konzepten und Alltagsanwendungen herstellt, fördert nach Daten aus Begleitstudien zu PISA 2006 die Kompetenzentwicklung in besonderem Maße (Prenzel et al., 2007, 170).
- Ein größerer Umfang des naturwissenschaftlichen Unterrichts (erteilte Wochenstunden) wirkt sich deutlich positiv auf den Kompetenzerwerb aus.

Die PISA-Rahmenkonzeption verwendet mit „Scientific Literacy" (→ **Kap. 2**) ein Konzept naturwissenschaftlicher (Grund-)Bildung, das deutlich mehr umfasst als konzeptuelles fachliches Wissen. Scientific Literacy schafft nach PISA die Grundlage für die Teilhabe am gesellschaftlichen Leben. Sie müsse am Ende der Pflichtschulzeit unabhängig von der genauen Ausgestaltung der jeweiligen Bildungsgänge erreicht werden. Bei der PISA-Testentwicklung wird daher nicht im Einzelnen überprüft, ob die Testaufgaben kompatibel zu den Lehrplänen der beteiligten Länder sind. Aspekte wie das eigenständige Erarbeiten naturwissenschaftlicher Fragestellungen oder Reflexionen der gesellschaftlichen Bedeutung der Naturwissenschaften werden zwar auch in den Präambeln von deutschen Lehrplänen genannt, im Unterricht liegt der Schwerpunkt jedoch auf naturwissenschaftlichen Kenntnissen (Begriffen und Gesetzmäßigkeiten) und fachlichem Erklären. Es überrascht daher kaum, wenn die relativen Stärken deutscher Schülerinnen und Schüler bei PISA 2015 ebenso wie 2006 genau in diesen Bereichen lagen (s. o.). Ein Verständnis der Charakteristika naturwissenschaftlicher Erkenntnisgewinnung (→ **Kap. 1**) war hingegen wenig entwickelt.

TIMSS

Einige Jahre vor der ersten PISA-Studie wurde die „Third International Mathematics and Science Study" durchgeführt. Das Akronym TIMSS steht inzwischen für „Trends in International Mathematics and Science Study". Deutschland nimmt daran nur noch für die Primarstufe teil. 1994/1995 beteiligte sich Deutschland an den Teilstudien für die Sekundarstufen I und II. TIMSS nahm viele Ergebnisse von PISA 2000 bereits vorweg, z. B. die großen Diskrepanzen zwischen angestrebten Kompetenzen und tatsächlich erreichtem Fähigkeitsniveau, die große Leistungsheterogenität oder das geringere Selbstvertrauen und Interesse bei Mädchen. TIMSS wurde in der allgemeinen Öffentlichkeit in deutlich geringerem Maße rezipiert als später PISA. An nachfolgenden internationalen Studien zu Schülerleistungen im Fach Physik in der Sekundarstufe II hat sich Deutschland nicht mehr beteiligt. Die TIMSS-Ergebnisse (Baumert, Bos & Lehmann, 2000; Schecker & Klieme, 2001) weisen daher auf möglicherweise weiterhin bestehende Problembereiche hin.

Im Unterschied zu PISA hatten die TIMSS-Aufgaben einen expliziten Lehrplanbezug. Das in den Lehrplänen anstrebte begriffliche Verständnis der Physik und das Verständnis naturwissenschaftlicher Arbeitsweisen wurden laut TIMSS in der Sekundarstufe I bei Weitem nicht erreicht. Alltagsvorstellungen bestanden fort, es deutete sich allenfalls ein beginnendes abstraktes Verständnis physikalischer Begriffe an. In der Sekundarstufe II änderte sich dieses Bild nicht wesentlich. Aufgaben, die eine Überwindung typischer Schülervorstellungen (→ **Kap. 5**) voraussetzen, hatten im Test zur voruniversitären Physik den höchsten Schwierigkeitsgrad. In Grund- und Leistungskursen Physik erreichten nur 14 % der deutschen Schülerinnen und Schüler ein Fähigkeitsniveau, das eine selbstständige fachliche Argumentation erlaubt (in Schweden 62 %). Die große Mehrzahl konnte sich nicht von dem engen Kontext lösen, in dem die Sachverhalte im Unterricht eingeführt worden waren. In Grundkursen stellte bereits die Anwendung von Lerninhalten der Mittelstufenphysik eine Hürde dar. Die Stärken lagen bei der Wissensreproduktion und physikalischen Rechenaufgaben. Der Wissenserwerb erfolgte überwiegend additiv und in zu geringem Maße kumulativ: Neue Sachverhalte wurden dazu gelernt, das neu Erlernte aber nicht ausreichend mit vorhandenem Wissen vernetzt bzw.

vorhandenes Wissen zu wenig in neues Wissen integriert. Eine Ausnahme bildete die moderne Physik im letzten Schuljahr der Oberstufe. Hier gelang es, gleichzeitig das Verständnis in Bereichen der klassischen Physik zu vertiefen.
TIMSS 2019 (Schwippert et al., 2020) untersuchte die naturwissenschaftlichen Kompetenzen von Grundschülern und Grundschülerinnen der vierten Klasse. Es zeigte sich keine Geschlechterdisparität, was allerdings darauf zurückgeführt wird, dass die Leistungen von Jungen zurückgegangen sind. Insgesamt ergab sich eine zunehmende Spreizung des Leistungsspektrums und zwar vor allem am unteren Ende. Insgesamt lag Deutschland knapp unter dem Mittelwert der teilnehmenden OECD-Staaten.

Konsequenzen aus TIMSS und PISA

In den Naturwissenschaften ist über die PISA Studien seit 2000 hinweg in Deutschland ein signifikanter Leistungszuwachs nachweisbar, der von 2015 zu 2018 allerdings stagnierte. Bildungspolitik und Bildungsforschung führen das u. a. auf Maßnahmen zurück, die im Anschluss an die TIMS-Studien eingeleitet wurden. Die große Streuung der Schülerleistungen und die Diskrepanz zwischen Lehrplanzielen und Lernergebnissen veranlassten die Kultusministerkonferenz (KMK) zur Entwicklung nationaler Bildungsstandards für die Sekundarstufen I und II (→ **Kap. 3**). Flankierend wurden ab Ende der 1990er-Jahre Förderprogramme für die Verbesserung der Unterrichtsqualität aufgelegt. Im Vordergrund stand der Modellversuch SINUS (Steigerung der Effizienz des mathematisch-naturwissenschaftlichen Unterrichts, 1998 – 2003) mit seinem Nachfolgeprogramm SINUS-Transfer (2003 – 2007, 1.870 beteiligte Schulen). Die elf Themenschwerpunkte („Module“) von SINUS geben einen Überblick über die fachdidaktischen Handlungsfelder. Dazu gehören:

- Weiterentwicklung einer Aufgabenkultur (für Lern- und Prüfungsphasen; → **Kap. 12**);
- naturwissenschaftliches Arbeiten (Verständnis naturwissenschaftlicher Methoden);
- verständnisvolles Lernen auf unterschiedlichen Niveaus (Umgang mit Heterogenität);
- Zuwachs von Kompetenz erfahrbar machen: kumulatives Lernen;
- fachübergreifendes und fächerverbindendes Arbeiten;
- Förderung von Mädchen und Jungen.

Darüber hinaus ist das Modellversuchsprogramm „Physik im Kontext“ von Bedeutung (piko, 2004 – 2007). piko stellte ein breites Spektrum alltags- und technikbezogener Unterrichtsmaterialien aus Arbeitsgruppen der Physikdidaktik zur Verfügung. Dazu kommen Unterrichtseinheiten die von piko-Lehrkräftegruppen entwickelt und erprobt wurden. SINUS und piko betrachten die inhaltliche Kooperation in den Fachkollegien der Schulen bzw. in regionalen Verbünden von Schulen als die wesentliche Handlungsebene für eine qualitative Weiterentwicklung des Unterrichts.

Überprüfung des Erreichens der Bildungsstandards

Seit 2012 führt Deutschland im Abstand von sechs Jahren eigenständige zentrale

Überprüfung des Erreichens der Bildungsstandards in den mathematisch-naturwissenschaftlichen Fächern durch (IQB-Bildungstrend; Stanat, Schipolowski, Mahler, Weirich & Henschel, 2019). Die Testaufgaben sind im Unterschied zu PISA fachspezifisch formuliert. Sie sind auf die 2005 beschlossenen nationalen Bildungsstandards für den mittleren Schulabschluss abgestimmt. Getestet wurden 2012 und 2018 Neuntklässler in den Kompetenzbereichen Fachwissen und Erkenntnisgewinnung (Fachmethoden). Ebenso wie bei PISA ist der Leistungsstand auf einen Mittelwert von 500 Punkten normiert (Bezugsjahr 2012). In die Erhebungen sind zudem u. a. Fragen zur Schülermotivation und zur Unterrichtsqualität einbezogen.

Für die Einschätzung der Schülerleistungen wurde ein fünfstufiges Modell physikalischer Kompetenz entwickelt: Optimalstandard, Regelstandard Plus, Regelstandard, Mindeststandard und Sub-Mindeststandard) und an Beispielaufgaben veranschaulicht (Kauertz, Fischer & Jansen, 2018). Der Regelstandard im Fachwissen (480 bis 579 Fähigkeitspunkte) sieht z. B. die Fähigkeit vor, Basiskonzepte wie Energie oder Materie auf einfach strukturierte Alltagssituationen anzuwenden. Er wurde 2018 von 69 % der Schülerinnen und Schüler erreicht (Erkenntnisgewinnung: 75 %). Die Ergebnisse unterscheiden sich nicht nur zwischen den Schularten, sondern auch deutlich zwischen den Bundesländern. Die Ländervergleiche in den Schülerleistungen stehen in den Ergebnisberichten im Vordergrund, daneben soziodemografische Faktoren (Geschlecht, Zuwanderungshintergrund). Vertiefte aufgabenbezogene physikdidaktische Analysen des umfangreichen Datenmaterials mit Blick auf besondere inhaltliche oder methodische Problemfelder des Physiklernens liegen dagegen kaum vor.

Fazit

Durch die Ergebnisse der TIMS- und PISA-Studien wurde in Deutschland die Bedeutung naturwissenschaftlicher Bildung für die gesellschaftliche Entwicklung wieder stärker in das öffentliche und bildungspolitische Bewusstsein gerückt. Empirische Belege für Probleme des deutschen Schulsystems gab es allerdings schon lange vorher: Bereits in der First International Science Study (FISS; Comber & Keeves, 1973) erreichten vierzehnjährige deutsche Schüler nur mittlere Leistungen und die Abiturienten lagen im internationalen Vergleich sogar auf einem der letzten Plätze. Viele der bei TIMSS Mitte der 1990er Jahre und in Anschluss von PISA aufgeführten Problembereiche waren zudem aus der internationalen fachdidaktischen Lehr-Lernforschung seit langem bekannt. Neu war bei TIMSS und PISA die Schärfe der aus den empirischen Daten abgeleiteten Defizitbeschreibungen.

Die Entwicklung nationaler Bildungsstandards (→ **Kap. 3**) und die Einrichtung fachdidaktischer Förderprogramme für den naturwissenschaftlichen Unterricht gehen letztlich auf TIMSS zurück. Durch den Einfluss der PISA-Rahmenkonzeption von Scientific Literacy wurde Kompetenzen der naturwissenschaftlichen Erkenntnisgewinnung sowie der Nutzung und Bewertung naturwissenschaftlicher Erkenntnisse für persönliche und gesellschaftliche Entscheidungen mehr Gewicht verliehen. In der Lehrerbildung und in Unterrichtszeitschriften sind Themen wie Kompetenzorientierung, Aufgabenkultur und die Heranführung an naturwissenschaftliche Arbeitsweisen inzwischen zentrale Themen. Ob man einen Kompetenzzuwachs deutscher Schülerinnen und Schüler in den Studien allerdings auf die Standardsetzungen und Förderprogramme zurückführen kann, bleibt zu hinterfragen. Didaktische Ansätze brauchen viel Zeit, bis sie „bottom up" über Lehrerfort- und -ausbildung im Unterricht wirksam werden. Für effektive Lehrerfortbildungen unter Rahmenbedingungen, wie sie bei Lindner (Lindner, 2008) in SINUS untersucht wurden, fehlen in der Regel die finanziellen und personellen Ressourcen.

Literatur zur Vertiefung

Prenzel, M. et al. (Hrsg.) (2007). PISA 2006. Ergebnisse der dritten internationalen Vergleichsstudie. Waxmann (darin insbes. Kap. 3).

Reiss, K. et al. (Hrsg.) (2016). PISA 2015. Eine Studie zwischen Kontinuität und Innovation. Waxmann (darin insbes. Kap. 2 u. 4).
Der Band stellt die Konzeption, Methodik und Ergebnisse der Studie vor. Er umfasst vertiefte Analysen zu Leistungen, Motivation und schulischen Rahmenbedingungen.

http://sinus-transfer.uni-bayreuth.de/module/ueberblick.html
Website des SINUS-Transfer-Projekts, besonders empfehlenswert sind die ausführlichen Beschreibungen der elf SINUS-Module.

Stanat, P. et al. (Hrsg.) (2019). IQB-Bildungstrend 2018. Mathematische und naturwissenschaftliche Kompetenzen am Ende der Sekundarstufe I im zweiten Ländervergleich. Waxmann.
Hier findet man das Kompetenzmodell (Kap. 1.3.1 u. 2.3.3) und Ergebnisse zu Physikkompetenzen von Neuntklässlern im Vergleich der Bundesländer (Kap. 5.2). Das Kompetenzmodell wird ausführlicher erklärt in: Institut für die Qualitätsentwicklung im Bildungswesen (2013). Kompetenzstufenmodelle zu den Bildungsstandards im Fach Physik für den Mittleren Schulabschluss. Kompetenzbereiche „Fachwissen" und „Erkenntnisgewinnung". Berlin: Institut zur Qualitätsentwicklung im Bildungswesen, https://www.dji.de/fileadmin/user_upload/abt2/infopool/Bildung_Allgemein_und_Europarat/TIMSSIII-Broschuere.pdf

Baumert, J. et al. (2000). Zusammenfassung ausgewählter Ergebnisse der Dritten Internationalen Mathematik- und Naturwissenschaftsstudie zur mathematischen und naturwissenschaftlichen Bildung am Ende der Schullaufbahn. Berlin: Max-Planck-Institut für Bildungsforschung, https://www.dji.de/fileadmin/user_upload/abt2/infopool/Bildung_Allgemein_und_Europarat/TIMSSIII-Broschuere.pdf
Der Band präsentiert interessante und auch heute noch aufschlussreiche Detailanalysen der Ergebnisse der Oberstufenstudie von TIMSS 1994/95.

18. Materialquellen für die Unterrichtsplanung

Die Planung von Physikunterrichtseinheiten und -stunden ist stets eine Herausforderung – besonders wenn man sich noch nicht auf einen eigenen erprobten Fundus von Verlaufsplänen, Arbeitsblättern und Versuchsanordnungen stützen kann. Es gilt, die Lernenden zu motivieren, Experimente zu organisieren, die Abläufe zu strukturieren und vor allem Physik verständlich zu erklären. Es ist daher gut zu wissen, wo Unterstützung und Materialien zu erhalten sind. Zu vielen Planungselementen wurden bei den vorangegangenen Kapiteln schon Quellen angegeben, andere Aspekte sollen im Folgenden beleuchtet werden. Naturgemäß sind Zusammenstellungen über Informationsquellen aber immer vorläufig. Auch die hier getroffene Auswahl kann nur Beispiele zeigen und muss unvollständig bleiben.

Schulbücher

Die am häufigsten verwendete Quelle bei der Unterrichtsplanung sind Schulbücher, Lehrerhandreichungen und Arbeitsmaterialsammlungen. Lehrwerke basieren in der Regel auf der Erfahrung mehrerer Generationen engagierter Lehrkräfte. Dennoch sollten die darin enthaltenen Vorschläge stets kritisch auf ihren Nutzen für die konkrete Lerngruppe und die anstehende Unterrichtssituation geprüft werden. Aufmerksam ist darauf zu achten, dass die verwendeten Darstellungen und insbesondere die Elementarisierungen (→ **Kap. 9**) nicht zu fachlichen Fehlern führen; hier bewährt sich das Nachschlagen im Hochschullehrbuch. Es bietet sich an, Werke aus unterschiedlichen Bundesländern und Schularten, aus anderen Nationen und evtl. auch aus früheren Zeiten zu vergleichen. Trotz der zunehmenden Konzentration von Schulbuchverlagen ist die Auswahl groß. Hier soll nur auf einige Lehrwerke besonders verwiesen werden, die sich deutlich von etablierten Lehrwerken unterscheiden:

- IPN (Hrsg.) (1993). Physik – Um die Welt zu begreifen. Frankfurt: Diesterweg.
  Das Lehrwerk berücksichtigt konsequent Forschungsergebnisse über Schülervorstellungen; es ist allerdings nur noch antiquarisch erhältlich
- Hewitt, P. (2015). Conceptual Physics. Pearson.
  Dieses Buch legt den Schwerpunkt auf eine klare Begriffsentwicklung. Besonders die Teachers' Edition ist empfehlenswert.
- Muckenfuß, H. & Nordmeier, V. (Hrsg.) (2009). Physik Interaktiv. Gesamtband (Ausgabe für Baden-Württemberg). Berlin: Cornelsen.
  Dieses Schulbuch bettet die physikalischen Themen in sinnstiftende Kontexte ein.

Man mache sich klar, dass auch in Lehrplänen oder Rahmenrichtlinien vorgeschlagene Vorgehensweisen zu hinterfragen sind. Wie bei Schulbüchern wird hier vieles tradiert und kritische Reflektion ist immer zu empfehlen.

Lehrbücher der Physikdidaktik

Im vorliegenden Buch wird die Physikdidaktik kompakt vorgestellt. Für Vertiefungen ausgewählter Themen und Umsetzungen im Unterricht ist die Verwendung weiterer Lehrbücher zu empfehlen:

- Kircher, E., Girwidz, R. & Fischer H.E. (Hrsg.) (2020). Physikdidaktik – Grundlagen. Springer.

- Gebhard, U., Höttecke, D. & Rehm, M. (2017). Pädagogik der Naturwissenschaften. Springer VS.
- Labudde, P. & Metzger, S. (Hrsg.) (2019). Fachdidaktik Naturwissenschaft: 1.- 9. Schuljahr. UTB.
- Schecker, H., Wilhelm, T., Hopf, M. & Duit, R. (Hrsg.) (2017). Schülervorstellungen und Physikunterricht. Springer Spektrum.
- Wilhelm, T., Schecker, H. & Hopf, M. (Hrsg.) (2021). Unterrichtskonzeptionen für den Physikunterricht. Springer Spektrum.

Lesenswert sind daneben auch die älteren Lehrbücher von Bleichroth et. al. (1999), Mikelskis (2006) und Mikelskis-Seifert und Rabe (2007). Interessant ist auch ein Blick in das erste Lehrbuch der Physikdidaktik (Grimsehl, 1911).

Die folgenden mehrbändigen Schriftreihen stellen die Inhaltsgebiete der Physik detailliert vor und sollten in keiner Schulbibliothek fehlen, auch wenn nicht alle Darstellungen durch Forschungsergebnisse untermauert sind:
- Götz, R., Dahncke, H. & Langensiepen F. (Hrsg.): Handbuch des Physikunterrichts Sekundarstufe I. Aulis.
- Kuhn, W. (Hrsg.): Handbuch der experimentellen Physik, Sekundarbereich II. Aulis.
- Born, G., Harreis, H. & Schwarze, H. (Hrsg.): Unterricht Physik, Sekundarstufe I. Aulis.

Umsetzungen der physikdidaktischen Grundlagenforschung für den Unterricht (oder zumindest Hinweise darauf) finden sich bevorzugt im englischsprachigen Bereich. Aufgrund anderer schulischer Strukturen sind die dort gemachten Vorschläge aber nur teilweise übertragbar:
- McDermott, L. & Shaffer, P. (2002). Tutorials in Introductory Physics. Prentice Hall.
- Redish, E.F. (2003). Teaching Physics with the physics suite. Wiley.
- Cummings, K., Laws, P., Redish, E. & Cooney, P. (Hrsg.). (2004). Understanding Physics. Wiley.

Ähnliche Zusammenstellungen von Erkenntnissen aus deutschen Forschungsprojekten sind bisher nur selten in Buchform erschienen. Eine gut kommentierte Analyse hat Willer (2003) vorgenommen:
- Willer, J. (2003). Didaktik des Physikunterrichts. Harry Deutsch

Eine breite Aufarbeitung fachdidaktischer und lernpsychologischer Grundlagenforschung für den naturwissenschaftlichen Unterricht findet sich in:
- Häußler, P., Bünder, W., Duit, R., Gräber, W. & Mayer, J. (1998). Naturwissenschaftsdidaktische Forschung: Perspektiven für die Unterrichtspraxis. IPN, IPN-Materialien.

Muckenfuß baut auf Ergebnissen der empirischen Unterrichtsforschung, die er kritisch würdigt, eine noch immer aktuelle Unterrichtskonzeption auf, in der er Wissenschafts- und Lebensweltorientierung zusammenführt:
- Muckenfuß, H. (1995). Lernen im sinnstiftenden Kontext. Entwurf einer zeitgemäßen Didaktik des Physikunterrichts. Berlin: Cornelsen.

Aktuelle Forschungsergebnisse findet man in fachdidaktischen Zeitschriften. Zu nennen sind aus dem deutschsprachigen Bereich:

- Zeitschrift für Didaktik der Naturwissenschaften (ZfDN), IPN Kiel. Die online-Zeitschrift: (https://www.springer.com/journal/40573) veröffentlicht vorrangig Aufsätze zur empirischen Grundlagenforschung in den Naturwissenschaftsdidaktiken.
- Physik und Didaktik in Schule und Hochschule (PhyDid), Deutsche Physikalische Gesellschaft. In dieser Onlinezeitschrift (http://www.phydid.de) werden neben der Grundlagenforschung ebenso Beiträge zur anwendungsbezogenen Physikdidaktik veröffentlicht (z. B. neue Experimente, Medieneinsatz, evaluierte Unterrichtskonzepte oder historische Experimente).

Auch über die Homepages der fachdidaktischen Arbeitsgruppen an Hochschulen hat man Zugang zu Forschungsergebnissen. Dort stehen oft auch unterrichtsrelevante Materialien und ausgearbeitete Unterrichtsgänge bereit. Die Links erhält man über die fachdidaktischen Fachgesellschaften:

- Gesellschaft für Didaktik der Chemie und Physik: Dort ist eine fachdidaktische Landkarte Deutschlands mit Links zu den fachdidaktischen Arbeitsgruppen zu finden);
- Fachverband Didaktik in der Deutschen Physikalischen Gesellschaft, DPG.

Viele Anregungen aus Fachdidaktik und Schulpraxis sind in Unterrichtszeitschriften nachzulesen. Nicht nur entwickelte und evaluierte Unterrichtseinheiten werden vorgestellt, auch neue Versuchsideen und konkrete Anregungen aus der Praxis haben großen Stellenwert. Oft sind Arbeitsmaterialien für den direkten Einsatz im Unterricht abgedruckt oder verlinkt. Für Lehrkräfte besonders interessant sind:

- *Praxis der Naturwissenschaft - Physik in der Schule* (Aulis, erschienen bis 2017). Die in Themenheften organisierten Inhalte umfassten den gesamten Physikunterricht der weiterführenden Schulen. Ein Schwerpunkt lag auf dem gymnasialen Bildungsgang unter besonderer Berücksichtigung der Oberstufe.
- *Unterricht Physik* (Friedrich). Jedes Themenheft hat einen Basisartikel, der den jeweiligen physikdidaktischen Erkenntnisstand für Lehrkräfte aufarbeitet. Die Unterrichtsvorschläge beziehen sich inzwischen auch auf den Physikunterricht der Sekundarstufe II.
- *Plus Lucis*. Die Mitgliedszeitschrift des österreichischen Vereins zur Förderung des physikalischen und chemischen Unterrichts veröffentlicht vier Themenhefte pro Jahr. Das Zeitschriftenarchiv ist online frei verfügbar.
- *MNUJournal* (Seeberger). Beiträge zu allen Naturwissenschaften und zur Mathematik werden vorgestellt. Zweimal im Jahr ist eine Zeitschriftenschau zum Physikunterricht enthalten.
- *Physik und Didaktik in Schule und Hochschule* (Deutsche Physikalische Gesellschaft). In dieser Onlinezeitschrift werden sowohl Anregungen für die Schulpraxis (besonders zu Experimen-

ten) als auch Beiträge aus der fachdidaktischen Forschung veröffentlicht.
- *The Physics Teacher* (American Association of Physics Teachers) und *Physics Education* (Institute of Physics). Die Zeitschriften für Physiklehrkräfte aus den USA bzw. Großbritannien berichten über experimentelle Anregungen, neuartige fachliche Zugänge und praxisrelevante fachdidaktische und fachliche Themenfelder. Es werden viele Hinweise auf weitere Quellen oder neu erschienene Bücher gegeben.

Weitere Quellen

Eine Fundgrube für den Physikunterricht ist das Internet. Nach etwas Suche entdeckt man eine Vielzahl von Seiten mit mehr oder weniger relevanten, guten und durchdachten Ideen. Eine kritische fachdidaktische und fachliche Prüfung ist hier natürlich noch viel wichtiger als bei Schulbüchern. Lesezeichen sollten aber auf jeden Fall hier liegen:
- https://www.leifiphysik.de: Umfangreiche Zusammenstellung von Aufgaben, Experimenten, Animationen usw. für Lernende.
- https://phet.colorado.edu/de/: Eine umfangreiche und erprobte Sammlung von Simulationen.
- https://www.compadre.org: Eine Sammlung / Linkliste physikdidaktischer Ressourcen aus dem englischsprachigen Bereich.
- http://www.schulpooltemp.uni-wuppertal.de/sd-pd/db_suche.php: Die Datenbank Physdat enthält Informationen zu allen Aufsätzen in Zeitschriften zum Physikunterricht von 1976 bis 2019 (Recherche nach Titel, Autoren, Schlagworten und Klartext in der Zusammenfassung).
- http://www.fis-bildung.de: Ein Literaturverzeichnis (u. a.) physikdidaktischer Literatur. Man findet dort Datensätze zu Zeitschriftenbeiträgen auch aus inzwischen nicht mehr erscheinenden Zeitschriften wie z. B. der Praxis der Naturwissenschaften – Physik in der Schule.

Experimentieren im Unterricht

Ein besonderes Gewicht kommt im Physikunterricht dem Experimentieren zu. Dies ist mit viel Vorbereitungszeit für Lehrkräfte verbunden. Hilfreiche Quellen sind dabei:
- Wilke, H.-J. (1997). Physik. Schulexperimente. Cornelsen.
- Sprockhoff, G. (Hrsg.) (1980). Physikalische Schulversuche. Aulis.
- https://www.physikalische-schulexperimente.de/ Auf dieser Seite findet sich auch eine Übersicht über Videoexperimente

Tipps für einfache Experimente

- Hilscher, H. (2006). Physikalische Freihandexperimente. Aulis.
- Rentzsch, W. (2006,2007). Experimente mit Spaß. Aulis.

Tipps zum Einsatz des Smartphones im Physikunterricht

- https://www.phyphox.org: Software zum Einsatz von Smartphones als Labor
- Kuhn, J. & Vogt, P. (Hrsg.). (2019). Physik ganz smart. Springer.
- Wilhelm, T. & Kuhn, J. (Hrsg.). (2021).
- Für alles eine App. Ideen für Physik mit dem Smartphone. Springer.

Bei der – manchmal nicht einfachen – Aufgabe, ein Gerät der Schulsammlung zum „Funktionieren“ zu bringen, ist die Lektüre der Geräteblätter unerlässlich. Diese lassen sich inzwischen in der Regel anhand der auf dem Gerät angebrachten Nummer auf der Homepage des Herstellers finden. Die Versuche sind oft auch in den Buchreihen zu Schulexperimenten so genau beschrieben, dass die Durchführung leicht gelingt.

Literatur

Ainsworth, S. (2006). DeFT: A conceptual framework for considering learning with multiple representations. Learning and instruction, 16(3), 183 – 198.

Ainsworth, S. (2014). The Multiple Representation Principle in Multimedia Learning. In R. Mayer (Hrsg.), The Cambridge handbook of multimedia learning (S. 464 – 486). Cambridge University Press

Altherr, S., Vetter, M., Eckert, B. & Jodl, H. J. (2005). Ferngesteuertes Labor im Internet. Praxis der Naturwissenschaften – Physik in der Schule, 54(6), 40 – 46.

Anderson, J. R. & Reder, L. M. (1979). An elaborative processing explanation of depth of processing. In L.S. Cermak and F.I.M. Craik (Hrsg.), Levels of Processing in Human Memory (S. 385 – 404). Lawrence Erlbaum.

Aufschnaiter, C. v. & Aufschnaiter, S. v. (2001). Eine neue Aufgabenkultur für den Physikunterricht. Der mathematische und naturwissenschaftliche Unterricht, 54(7), 409 – 416.

Baddeley, A. (1992). Working memory. Science, 255(5044), 556 – 559.

Baumert, J., Bos, W. & Lehmann, R. (2000). TIMSS/III. Dritte Internationale Mathematik- und Naturwissenschaftsstudie: Mathematische und naturwissenschaftliche Bildung am Ende der Schullaufbahn. Leske + Budrich.

Baumert, J., Bos, W., Brockmann, J., Gruehn, S., Klieme, E., Köller, O., … Watermann, R. (Hrsg.). (2000). Zusammenfassung ausgewählter Ergebnisse der Dritten Internationalen Mathematik- und Naturwissenschaftsstudie zur mathematischen und naturwissenschaftlichen Bildung am Ende der Schullaufbahn. Berlin: Max-Planck-Institut für Bildungsforschung.

Baumgart, U., Krüger, U.-H., Niedderer, H. & Schecker, H. (1982). Übersicht über wichtige wissenschaftstheoretische Fragestellungen und Probleme. Der Physikunterricht, 16, 2, 5 – 20.

Beerenwinkel, A., Hefti, C., Lindauer, T. & Schmellentin, C. (2014). Informationsdichte Texte – Wie lassen sie sich im naturwissenschaftlichen Unterricht gewinnbringend einsetzen? MNU, 67/4, 228–234.

Bell, T. (2007). Entdeckendes und forschendes Lernen. In S. Mikelskis-Seifert & T. Rabe (Hrsg.), Physikmethodik. Handbuch für die Sekundarstufe I und II (S. 70 – 81). Cornelsen.

Bennett, J., Lubben, F. & Hogarth, S. (2007). Bringing Science to Life: A Synthesis of Research Evidence on the Effects of Context-Based and STS Approaches to Science Teaching. Science Education, 91(3), 347– 370.

Berge, O. E. (2004). Medizin. Naturwissenschaften im Unterricht – Physik (Themenheft), 82.

Berger, R. (2000). Moderne bildgebende Verfahren der medizinischen Diagnostik - ein Weg zu interessantem Physikunterricht. Logos.

Blankenburg, J. & Scheersoi, A. (2018). Interesse und Interessenentwicklung. In D. Krüger, I. Parchmann & H. Schecker (Hrsg.), Theorien in der naturwissenschaftsdidaktischen Forschung (S. 245 – 259). Springer.

Bleichroth, H., Jung, W., Merzyn, G. & Weltner, K. (1999). Fachdidaktik Physik. Aulis.

Born, G., Harreis, H., Schwarze, H. (Hrsg.): Unterricht Physik, Sekundarstufe I. Aulis.

Brakhage, H. H. (2020). Kompetenzerwerb im Physikunterricht. Eine interessenbezogene Unterrichtsintervention in der Sekundarstufe I. Universität Jena.

Bredehorst, H. (2001). Die Hühnerfeder als Beugungsobjekt. Ein Beispiel einer Abiturklausur. Praxis der Naturwissenschaften - Physik in der Schule, 50(5), 2 –13.

Bruner, J. S. (1970). Gedanken zu einer Theorie des Unterrichts. In G. Dohmen, F. Mauer & W. Popp (Hrsg.), Unterrichtsforschung und didaktische Theorie (S. 188 – 218). Piper.

Bybee, R. (2002). Scientific Literacy – Mythos oder Realität. In W. Gräber, P. Nentwig, T. Koballa & R. Evans (Hrsg.), Scientific Literacy. Der Beitrag der Naturwissenschaften zur Allgemeinen Bildung (S. 21– 42). Leske & Budrich.

Chalmers, A. F. (2001). Wege der Wissenschaft. Einführung in die Wissenschaftstheorie. Springer.

Chandler, P. & Sweller, J. (1991). Cognitive load theory and the format of instruction. Cognition and instruction, 8(4), 293 – 332.

Clark, J. M. & Paivio, A. (1991). Dual coding theory and education. Educational psychology review, 3(3), 149 – 210.

Clement, J. (1993). Using bridging analogies and anchoring intuitions to deal with students‘ preconceptions in physics. Journal of Research in Science Teaching, 30, 1241–1257.

Colicchia, G. (2007). Physikunterricht im Kontext von Medizin und Biologie: Entwicklung und Erprobung von Unterrichtseinheiten. Logos.

Comber, L. C. & Keeves, J. P. (1973). Science Education in Nineteen Countries. Wiley.

Craik, F.I. & Lockhart, R. S. (1972). Levels of processing: A framework for memory research. Journal of verbal learning and verbal behavior, 11(6), 671– 684.

Cummings, K., Laws, P., Redish, E. & Cooney, P., (Hrsg.). (2004). Understanding Physics. Wiley.

Daniels, Z. (2008). Entwicklung schulischer Interessen im Jugendalter. Waxmann.

Department for Education. (2013). National curriculum in England: science programmes of study. The statutory programmes of study and attainment targets for science at key stages 1 to 4. Department for Education. https://www.gov.uk/government/publications/national-curriculum-in-england-science-programmes-of-study

diSessa, A. A. (1993). Toward an epistemology of physics. Cognition and instruction, 10(2 – 3), 105 – 225.

Driver, R., Squires, A., Rushworth, P. & Wood-Robinson, V. (1994). Making Sense of Secondary Science. Research into Children's Science. Routledge.

Duit, R. (Hrsg.). (2002). Aufgaben. Naturwissenschaften im Unterricht – Physik (Themenheft), 13(67).

Duit, R. (2009). Literaturdatenbank STCSE: Students‘ and Teachers‘ Conceptions and Science Education. IPN. http://archiv.ipn.uni-kiel.de/stcse

Duit, R. & Häußler, P. (1997) (Hrsg.). Unterricht bewerten. Unterricht Physik (Themenheft), 8(38).

Duit, R. & Komorek, M. (2000). Die eingeschränkte Vorhersagbarkeit chaotischer Systeme verstehen. MNU, 53, 94 –103.

Duit, R. & Tesch, M. (Hrsg.). (2005). Thema und Variation: Der Elektrische Stromkreis. Unterricht Physik (Themenheft), 16(89).

Eilks, I., Feierabend, T., Hößle, C., Höttecke, D., Menthe, J., Mrochen, M. & Oelgeklaus, H. (Hrsg.). (2011). Der Klimawandel vor Gericht. Materialien für den Fach- und Projektunterricht. Aulis.

Einhaus, E. (2007). Schülerkompetenzen im Bereich Wärmelehre (Diss.). Logos.

Feynman, R. (1988). QED. Die seltsame Theorie des Lichts und der Materie. Piper.

Fischer, H. E. & Draxler, D. (2006). Unterrichtspraxis: Konstruktion und Bewertung von Physikaufgaben. In E. Kircher, R. Girwidz & P. Häußer (Hrsg.), Physikdidaktik. Theorie und Praxis. Springer.

Fischler, H., Gebhard, U. & Rehm, M. (2018). Naturwissenschaftliche Bildung und Scientific Literacy. In D. Krüger, I. Parchmann & H. Schecker (Hrsg.), Theorien in der naturwissenschaftsdidaktischen Forschung (S. 11– 29). Springer.

Fleck, L. & Schäfer, L. (Hrsg.). (1983). Erfahrung und Tatsache. Suhrkamp.

Frey, K. (1983). Die sieben Komponenten der Projektmethode. Naturwissenschaften im Unterricht: Physik/Chemie, 31(2), 38 – 42.

Friege, G. & Barth, M. (2012). Experimentelle Aufgaben in der Sekundarstufe II. Vom dezentralen Abitur zum Zentralabitur. Naturwissenschaften im Unterricht. Physik, 23(129/130), 60 – 65.

Gebhard, U., Höttecke, D. & Rehm, M. (2017). Pädagogik der Naturwissenschaften. Springer VS.

Girwidz, R. (2008). Vom Wischtuch zur Regenjacke. Funktionstextilien als Kontexte für die Untersuchung von Adhäsion und Kohäsion. Naturwissenschaften im Unterricht - Physik, 105/106, 65 – 74.

Girwidz, R. & Hoyer, Chr. (2018). Didaktische Aspekte zum Einsatz von digitalen Medien – Leitlinien zum Lernen mit Multimedia, veranschaulicht an Beispielen. In J. Maxton-Küchenmeister & J. Meßinger-Koppelt (Hrsg.), Naturwissenschaften digital: Toolbox für den Unterricht (S. 6 – 23). Joachim Herz Stiftung Verlag. https://www.mint-digital.de/experimente/naturwissenschaften-digital-toolbox-fuer-den-unterricht/

Götz, R., Dahncke, H. & Langensiepen F. (Hrsg.): Handbuch des Physikunterrichts Sekundarstufe I. Aulis.

Gräber, W., Nentwig, P., Koballa, Th. & Evans, R. (Hrsg.). (2002). Scientific Literacy. Der Beitrag der Naturwissenschaften zur Allgemeinen Bildung. Leske & Budrich.

Grimsehl, E. (1911). Didaktik und Methodik der Physik. Beck.

Gropengießer, H., Höttecke, D., Nielsen, T. & Stäudel, L. (Hrsg.) (2006). Mit Aufgaben lernen. Unterricht und Material 5 –10. Friedrich.

Gropengießer H., Marohn A. (2018) Schülervorstellungen und Conceptual Change. In D. Krüger, I. Parchmann, H. Schecker (Hrsg.) Theorien in der naturwissenschaftsdidaktischen Forschung, (S. 49 – 67). Springer. https://doi.org/10.1007/978-3-662-56320-5_4

Grunder, H.-U. & Bohl, T. (Hrsg.) (2001). Neue Formen der Leistungsbeurteilung in den Sekundarstufen I und II. Hohengehren: Schneider.

Haagen-Schützenhöfer, C., Fehringer, I. & Rottensteiner, J. (2017). Optik für die Sekundarstufe I. Universität Wien und Universität Graz

Harmon, M., Smyth, T. A., Martin, M. O., Kelly, D. L., Beaton, A. E., Mullis, I. V. S., . . . Orpwood, G. (1997). Performance Assessment in IEA's Third International Matheamtics and Science Study. Chestnut Hill, MA: Boston College, https://timssandpirls.bc.edu/timss1995i/PAreport.html

Härtig, H., Bernholt, S., Prechtl, H. & Retelsdorf, J. (2015). Unterrichtssprache im Fachunterricht – Stand der Forschung und Forschungsperspektiven am Beispiel des Textverständnisses. Zeitschrift für Didaktik der Naturwissenschaften, 21(1), 55 – 67.

Hattie, J. A. (2009). Visible learning: A synthesis of over 800 meta-analyses relating to achievement. Routledge.

Häußler, P. & Hoffmann, L. (1995). Physikunterricht – an den Interessen von Mädchen und Jungen orientiert. Unterrichtswisenschaft, 23(2), 107–126.

Häußler, P. & Lind, G. (1998). Weiterentwicklung der Aufgabenkultur im mathematisch-naturwissenschaftlichen Unterricht. Erläuterungen zu Modul 1 des Modellversuchs „Steigerung der Effizienz des mathematisch-naturwissenschaftlichen Unterrichts“ mit Beispielen für den Physikunterricht. IPN, 1998. https://www.schulportal-thueringen.de/get-data/a97a8a26-4b4c-4c4d-a237-381c51c6c65f/modul1.pdf

Häußler, P. & Lind, G. (2000). „Aufgabenkultur“ Was ist das? Praxis der Naturwissenschaften – Physik, 49(4), 2 –10.

Häußler, P., Bünder, W., Duit, R., Gräber, W. & Mayer, J. (1998). Naturwissenschaftliche Forschung. Perspektiven für die Unterrichtspraxis. IPN.

Heering, P. (1997) Durch Schläge zum Verstehen. In A. Dally, T. Nielsen & F. Rieß (Hrsg.), Geschichte und Theorie der Naturwissenschaften im Unterricht: Ein Weg zur naturwissenschaftlich-technischen Allgemeinbildung? (S. 265 – 281). Evangelische Akademie Loccum.

Heering, P. & Ellrodt, M. (2020). Geschichten erzählen im Physikunterricht: Beispiele und Tipps zur Methode „StoryTelling". Naturwissenschaften im Unterricht Physik, 176, 12 – 15.

Helmke, A. (2004, 3. Aufl.). Unterrichtsqualität: Erfassen, bewerten, verbessern. Kallmeyersche Verlagsbuchhandlung.

Henning, T. (2014). Empirische Untersuchung kontextorientierter Lernumgebungen in der Hochschuldidaktik. Entwicklung und Evaluation kontextorientierter Aufgaben in der Studieneingangsphase für Fach- und Nebenfachstudierende der Physik. Logos.

Hepp, R. (Hrsg.) (1999). Lernen an Stationen. Unterricht Physik (Themenheft), 10 (51/52).

Hepp, R. (Hrsg.). (2010). Verschiedene Ziele - verschiedene Aufgaben. Naturwissenschaften im Unterricht Physik (Themenheft), 21(117/118).

Hepp, R., Krüger, A. & Leisen, J. (Hrsg.). (2003). Methoden-Werkzeuge. Unterricht Physik (Themenheft), 14(75/76).

Herdt, D. (1990). Einführung in die elementare Optik – Vergleichende Untersuchung eines neuen Lehrgangs. Westarp.

Hewitt, P. (2015). Conceptual Physics. Pearson

Hillmayr, D., Reinhold, F., Ziernwald, L. & Reiss, K. (2017). Digitale Medien im mathematisch-naturwissenschaftlichen Unterricht der Sekundarstufe. Einsatzmöglichkeiten, Umsetzung und Wirksamkeit. Waxmann. URN: urn:nbn:de:0111-pedocs-154822

Hilscher, H. (2006). Physikalische Freihandexperimente. Aulis

Hofer, M. (2010). Adolescents' development of individual interests: A product of multiple goal regulation? Educational Psychologist, 45, 149-166.

Hoffmann, L., Häußler, P. & Lehrke, M. (1998). Die IPN-Interessenstudie Physik. IPN.

Hoffmann, L., Häußler, P. & Peters-Haft, S. (1997). An den Interessen von Mädchen und Jungen orientierter Physikunterricht. Ergebnisse eines BLK-Modellversuchs. IPN.

Holstermann, N. & Bögeholz, S. (2007). Interesse von Jungen und Mädchen an naturwissenschaftlichen Themen am Ende der Sekundarstufe I. Zeitschrift für Didaktik der Naturwissenschaften, 13, 71 – 86.

Horstendahl, M., Fischer, H. E. & Rolf, R. (2000). Konzeptuelle und motivationale Aspekte der Handlungsregulation von Schülerinnen und Schülern im Experimentalunterricht der Physik. Zeitschrift für Didaktik der Naturwissenschaften, 6, 7 – 26.

Höttecke, D. (2010). Forschend-entdeckender Physikunterricht. Ein Überblick zu Hintergründen, Chancen und Umsetzungsmöglichkeiten entsprechender Unterrichtskonzeptionen. Unterricht Physik, 21(119), 4 –12.

Höttecke, D. (2015). Stolpersteine der Diagnostik und wie man sie umgehen kann. Unterricht Physik, 147/148, 11–13.

Höttecke, D. (2017a). Was ist Naturwissenschaft? In U. Gebhard, D. Höttecke & M. Rehm (Hrsg.), Pädagogik der Naturwissenschaften (S. 7 – 31). Springer VS.

Höttecke, D. (2017b). Naturwissenschaft und Sprache. In U. Gebhard, D. Höttecke & M. Rehm (Hrsg.), Pädagogik der Naturwissenschaften (S. 107–124). Springer VS.

Höttecke, D. & Barth, M. (2011). Geschichte im Physikunterricht. Argumente, Methoden und Anregungen, um Wissenschaftsgeschichte in den Physikunterricht einzubeziehen. Unterricht Physik, 22(126), 4 –10.

Höttecke, D. & Rieß, F. (2015). Naturwissenschaftliches Experimentieren im Lichte der jüngeren Wissenschaftsforschung – Auf der Suche nach einem authentischen Experimentbegriff der Fachdidaktik. Zeitschrift für Didaktik der Naturwissenschaften, 21(1), 127–139.

Höttecke, D. & Schecker, H. (2021). Unterrichtskonzeptionen für Nature of Science. In T. Wilhelm, H. Schecker & M. Hopf (Hrsg.), Unterrichtskonzeptionen für den Physikunterricht. Springer-Spektrum.

Höttecke, D., Wodzinski, R., Heinicke, S. & Bellingrath, M. (2020). Lernförderliche Diagnose im Physikunterricht. In M. Sach, B. Sieve, & F. Hilker (Hrsg.), Physik unterrichten. Ein praktischer Leitfaden für Berufseinsteiger (S. 83 – 87). Friedrich.

IPN (Hrsg.). (1993). Physik – Um die Welt zu begreifen. Diesterweg.

IPN (2008). Physik im Kontext. https://www.ipn.uni-kiel.de/de/das-ipn/abteilungen/didaktik-der-physik/piko

Issing, L. J. (1983). Bilder als didaktische Medien. In L. J. Issing, J. Hannemann (Hrsg.), Lernen mit Bildern (S. 9 –39). Institut für Film und Bild in Wissenschaft und Unterricht.

Jung, W (1980). Mechanik für die Sekundarstufe I. Diesterweg.

Jung, W. (1986). Alltagsvorstellungen und das Lernen von Physik und Chemie. In R. Müller, R. Wodzinski & M. Hopf (Hrsg.), Schülervorstellungen in der Physik (S. 15 – 19). Aulis, 2007.

Jung, W. (1999). Begründung und Zielsetzung. In: W. Bleichroth, H. Dahncke, W. Jung, W. Kuhn, G. Merzyn. & K. Weltner (Hrsg.), Fachdidaktik Physik (S. 17– 63). Aulis.

Jung, W., Reul, H. & Schwedes, H. (1977). Untersuchungen zur Einführung in die Mechanik in den Klassen 3 – 6. Diesterweg.

Jung, W., Wiesner, H. & Engelhard, P. (1981). Vorstellungen von Schülern über Begriffe der Newtonschen Mechanik. Franzbecker.

Kattmann, U., Duit, R., Gropengießer, H. & Komorek, M. (1997). Das Modell der Didaktischen Rekonstruktion – Ein Rahmen für naturwissenschaftsdidaktische Forschung und Entwicklung. Zeitschrift für Didaktik der Naturwissenschaften, 3, 3, 3 – 18.

Kauertz, A. (2008). Schwierigkeitserzeugende Merkmale physikalischer Leistungstestaufgaben. Logos.

Kauertz, A., Fischer, H. E. & Jansen, M. (2018). Kompetenzstufenmodelle im Fach Physik. In P. Stanat, S. Schipolowski, N. Mahler, S. Weirich & S. Henschel (Hrsg.), IQB-Bildungstrend 2018. Mathematische und naturwissenschaftliche Kompetenzen am Ende der Sekundarstufe I im zweiten Ländervergleich (S. 90 – 98). Waxmann.

Kelly, G.J., McDonald, S., Wickman, P.O. (2011). Science Learning and Epistemology. In B. Fraser, K. Tobin & C. McRobbie (Hrsg.), Second International Handbook of Science Education (S. 281–291). Springer. https://doi.org/10.1007/978-1-4020-9041-7_20

Kessels, U. & Taconis, R. (2012). Alien or alike? How the perceived similarity between the typical science teacher and a student's self-image correlates with choosing science at school. Research in Science Education, 42, 1049 – 1071.

Kircher, E., & Girwidz, R. (2020). Elementarisierung und didaktische Rekonstruktion. In E. Kircher, R. Girwidz, H.E. Fischer (Hrsg.), Physikdidaktik – Grundlagen (S. 155 –198). Springer.

Kircher, E., Girwidz, R. & Fischer H.E. (Hrsg.). (2020). Physikdidaktik – Grundlagen. Springer

Kirschner, P.A., Sweller, J., & Clark, R.E. (2006). Why Minimal Guidance During Instruction Does Not Work: An Analysis of the Failure of Constructivist, Discovery, Problem-Based, Experiential, and Inquiry-Based Teaching. Educational Psychologist, 41(2), 75 – 86.

Kirstein, J. & Rass, R. (1997). Interaktive Bildschirmexperimente eine neue Möglichkeit zum individuellen Lernen mit Multimedia. MNU, 50, 27 – 28.

Klieme, E. (2000). Fachleistungen im voruniversitären Mathematik- und Physikunterricht: Theoretische Grundlagen, Kompetenzstufen und Unterrichtsschwerpunkte. In J. Baumer, W. Bos & R. Lehmann (Hrsg.),

TIMSS/III. Dritte Internationale Mathematik- und Naturwissenschaftsstudie: Mathematische und naturwissenschaftliche Bildung am Ende der Schullaufbahn (S. 57–128). Leske und Budrich.

Klieme, E., Avenarius, H., Blum, W., Döbrich, P., Gruber, H., Prenzel, M., Reiss, K., Riquarts, K., Rost, J., Tenorth, H.-E., Vollmer, H. (2003). Zur Entwicklung nationaler Bildungsstandards. Eine Expertise. BMBF. urn:nbn:de:0111-pedocs-209019

KMK (Hrsg.) (2004a). Ständige Konferenz der Kultusminister der Länder der Bundesrepublik Deutschland: Bildungsstandards der Kultusministerkonferenz – Erläuterungen zur Konzeption und Entwicklung: Luchterhand.

KMK (Hrsg.) (2024). Ständige Konferenz der Kultusminister der Länder in der Bundesrepublik Deutschland: Weiterentwickelte Bildungsstandards in den Naturwissenschaften für das Fach Physik (MSA). (Beschluss der Kultusministerkonferenz vom 16.12.2004 i.d.F. vom 13.06.2024).

KMK (Hrsg.) (2019). Richtlinie zur Sicherheit im Unterricht (RiSU). KMK. https://www.kmk.org/fileadmin/Dateien/veroeffentlichungen_beschluesse/1994/1994_09_09-Sicherheit-im-Unterricht.pdf

KMK (Hrsg.) (2020). Ständige Konferenz der Kultusminister der Länder in der Bundesrepublik Deutschland: Bildungsstandards im Fach Physik für die Allgemeine Hochschulreife (Beschluss der Kultusministerkonferenz vom 18.06.2020). Sekretariat der Kultusministerkonferenz. https://www.kmk.org/fileadmin/Dateien/veroeffentlichungen_beschluesse/2020/2020_06_18-Bildungsstandards AHR_Physik.pdf.

Köller, O., Baumert, J. & Neubrand, J. (2000). Epistemologische Überzeugungen und Fachverständnis im Mathematik- und Physikunterricht. In J. Baumert, W. Bos & R. Lehmann, R (Hrsg.), TIMSS – Mathematisch-naturwissenschaftliche Bildung am Ende der Sekundarstufe II (S. 229 – 270). Leske & Budrich.

Krabbe, H., Zander, S. & Fischer, H. (2015). Lernprozessorientierte Gestaltung von Physikunterricht. Materialien zur Lehrerfortbildung. Waxmann. http://www.ganzin.de/wp-content/uploads/2015/10/Lernprozessorientierte-Gestaltung-von-Physikunterricht.pdf

Krapp, A. (2002). Structural and dynamic apects of interest development: theoretical considerations from an ontogenetic perspective. Learning and Instruction, 12, 383 – 409.

Krapp, A. (2018). Interesse. In D.H. Rost, J.R. Sparfeld & S.R. Buch (Hrsg.), Handwörterbuch Pädagogische Psychologie (S. 286 – 296). Beltz.

Kubli, F. (2005). Mit Geschichten und Erzählungen motivieren: Beispiele für den mathematisch-naturwissenschaftlichen Unterricht. Aulis.

Kuhn, J. (2010). Authentische Aufgaben im theoretischen Rahmen von Instruktions- und Lehr-Lern-Forschung. Vieweg + Teubner.

Kuhn, J. & Müller, A. (2007). Authentische Aufgaben zur Kompetenzausrichtung. Praxis der Naturwissenschaften – Physik in der Schule, 56(6), 38 – 45.

Kuhn, J., & Vogt, P. (Hrsg.). (2019). Physik ganz smart. Springer. https://doi.org/10.1007/978-3-662-59266-3

Kuhn, J., Müller, A., Müller, W. & Vogt, P. (2010). Kontextorientierter Physikunterricht – Konzeptionen, Theorien und Forschung zu Motivation und Lernen. Praxis der Naturwissenschaften – Physik in der Schule, 59(5), 5 –15.

Kuhn, T.S. (1976). Die Struktur wissenschaftlicher Revolutionen. Suhrkamp.

Kuhn, W. (Hrsg.). Handbuch der experimentellen Physik, Sekundarbereich II. Aulis.

Kulgemeyer, C. (2010). Physikalische Kommunikationskompetenz überprüfen. Orientierung und Beispielaufgaben zur Beurteilung von Kommunikationskompetenz auf der Basis eines Modells physikalischer Kommunikation. Naturwissenschaften im Unterricht - Physik, 21(116), 9 –13.

Kulgemeyer, C. & Schecker, H. (2013). Schülerinnen und Schüler erklären Physik – Modellierung, Diagnostik und Förderung von Kommunikationskompetenz im Physikunterricht. In M. Becker-Mrotzek, K. Schramm, E. Thürmann & H.J. Vollmer (Hrsg.), Sprache im Fach. Sprachlichkeit und fachliches Lernen (S. 225–240). Waxmann.

Labudde, P. (2003). Fächerübergreifender Unterricht in und mit Physik: Eine zu wenig genutzte Chance. Physik und Didaktik in Schule und Hochschule 1/2, 48–66.

Labudde, P. (Hrsg.). (2008). Naturwissenschaften vernetzen – Horizonte erweitern. Kallmeyer.

Labudde, P. & Metzger, S. (Hrsg.). (2019). Fachdidaktik Naturwissenschaft: 1.–9. Schuljahr. UTB.

Labudde, P. & Stebler, R. (1999). Lern- und Prüfungsaufgaben für den Physikunterricht. Erträge aus dem TIMSS-Experimentiertest. Naturwissenschaften im Unterricht – Physik, 10(54), 23–31.

Labudde, P., Herzog, W., Neuschwandner, M. P., Violi, E. & Gerber, C. (2000). Girls and physics teaching and learning strategies tested by classroom interventions in grade 11. International Journal of Science Education, 22(2), 142–157.

Langer, I., Schulz v. Thun, F. & Tausch, R. (1993). Sich verständlich ausdrücken. Reinhardt.

Leisen, J. (2001). Qualitätssteigerung des Physikunterrichts durch Weiterentwicklung der Aufgabenkultur. Der mathematische und naturwissenschaftliche Unterricht, 54, 401–405.

Leisen, J. (2006). Aufgabenkultur im mathematisch-naturwissenschaftlichen Unterricht. Der mathematische und naturwissenschaftliche Unterricht, 59(5), 250–266.

Lindner, M. (2008). Lehrerfortbildung heute - Sind Lehrkräfte fortbildungsresistent? Der mathematische und naturwissenschaftliche Unterricht, 61(3), 164–172.

Lotze, K.-H. (2007). Gedankenexperimente. Praxis der Naturwissenschaften – Physik in der Schule (Themenheft), 56(5).

Ludwig, G. (1974). Einführung in die Grundlagen der Theoretischen Physik, Bd. 1. Bertelsmann Universitätsverlag.

Lunetta, V. N. (1998): The school science laboratory: Historical perspectives and contexts for contemporary teaching. In B.J. Fraser & K.G. Tobin (Hrsg.), International Handbook of Science Education (S. 249–262). Kluwer.

Mathelitsch, L. & Thaller, S. (2008). Sport und Physik (Buch und 50 Arbeitsblätter). Aulis.

Mayer, R.E. (1997). Multimedia learning: are we asking the right question? Educational Psychologist, 32, 1–19.

Mayer, R.E. (2001). Multimedia learning. Cambridge University Press.

Mayer, R.E. (2014). Cognitive Theory of Multimedia Learning. In R.E. Mayer (Hrsg.), The Cambridge Handbook of Multimedia Learning (S. 43–71). Cambridge University Press.

McComas, W.F. (Hrsg.). (2020). Nature of Science in Science Instruction. Rationales and Strategies. Springer.

McDermott, L. & Shaffer, P. (2002). Tutorials in Introductory Physics. Prentice Hall.

Medienpädagogischer Forschungsverbund Südwest (Hrsg.). (2018). JIM-Studie 2018. www.mpfs.de.

Merzyn G. (1994). Physikschulbücher, Physiklehrer und Physikunterricht. IPN.

Merzyn, G. (2008). Naturwissenschaften, Mathematik, Technik – immer unbeliebter? Die Konkurrenz von Schulfächern um das Interesse der Jugend im Spiegel vielfältiger Untersuchungen. Schneider.

Meya, J., & Sibum, H.O. (1987). Das fünfte Element: Wirkung und Deutung der Elektrizität. Rowohlt.

Mie, K. & Frey, K. (Hrsg.). (1992). Physik in Projekten. Aulis.

Mikelskis, H. (Hrsg.). (2006). Physikdidaktik. Cornelsen.

Mikelskis, H. F. & Lauterbach, R. (1976). Energieversorgung durch Kernkraftwerke. IPN Curriculum Physik für das 9. und 10. Schuljahr (Vol. 2). Klett (verfügbar beim Institut für die Pädagogik der Naturwissenschaften und Mathematik, Kiel).

Mikelskis-Seifert, S. & Rabe, Th. (Hrsg.). (2007). Physikmethodik. Cornelsen.

Mitchell, M. (1993). Situational Interests: Its multifaceted structure in the secondary school mathematics classroom. Journal of Educational Psychology, 85(3), 424 – 436.

MNU. (2001). Deutscher Verein zur Förderung des mathematischen und naturwissenschaftlichen Unterrichts: Physikunterricht und naturwissenschaftliche Bildung – aktuelle Herausforderungen. Empfehlungen zur Gestaltung von Lehrplänen bzw. Richtlinien für den Physikunterricht. Der mathematische und naturwissenschaftliche Unterricht, 54(3, Beihefter).

MNU. Verband zur Förderung des MINT-Unterrichts (o. J.). MNU-Positionen zum zeitgemäßen fachübergreifenden Unterricht in den MINT-Fächern. http://www.mnu.de/fachbereiche/fachuebergreifender-unterricht.

Moore, T. A. (1998). Six Ideas that Shaped Physics (6 Bände). MacGraw-Hill.

Muckenfuß, H. (1995). Lernen im sinnstiftenden Kontext. Entwurf einer zeitgemäßen Didaktik des Physikunterrichts. Cornelsen.

Muckenfuß, H. & Nordmeier, V. (Hrsg.). (2009). Physik Interaktiv. Gesamtband (Ausgabe für Baden-Württemberg). Cornelsen.

Müller, R., Wodzinski, R. & Hopf, M. (Hrsg.). (2004). Schülervorstellungen in der Physik. Aulis.

National Research Council (2000a). How People Learn: Brain, Mind, Experience, and School: Expanded Edition. The National Academies Press. https://doi.org/10.17226/9853

National Research Council. (2000b). Inquiry and the National Science Education Standards: A Guide for Teaching and Learning. The National Academies Press, https://doi.org/10.17226/9596

Nawrath, D. (2010). Kontextorientierung. Rekonstruktion einer fachdidaktischen Konzeption für den Physikunterricht. BIS-Verlag.

Nawrath, D., Maiseyenka, V. & Schecker, H. (2011). Experimentelle Kompetenz – Ein Modell für die Unterrichtspraxis. Praxis der Naturwissenschaften – Physik in der Schule, 60(6), 42 – 48.

NGSS Network. (2013). Next Generation Science Standards: For states, by states. National Academies Press.

OECD (Hrsg.) (2006). Assessing Scientific, Reading and Mathematical Literacy: A Framework for PISA 2006. OECD Organisation for Economic Co-operation and Development, https://www.oecd-ilibrary.org/education/assessing-scientific-reading-and-mathematical-literacy_9789264026407-en

OECD (Hrsg.) (2019). PISA 2018 Ergebnisse (Band I). Was Schülerinnen und Schüler wissen und können. Paris: OECD Organisation for Economic Cooperation and Development.

Oreskes, N. (2019). Why trust science? Princeton University Press.

Oser, F. & Baeriswyl, F. (2001). Choreographies of teaching: bridging instruction to learning. In V. Richardson (Hrsg.), AERA's handbook of research on teaching (4th ed.) (S. 1031–1065). American Educational Research Association.

Paivio, A. (1986). Mental representations: A dual coding approach. Oxford University Press.

Posner, J. G., Strike, K. A., Hewson, P. H. & Gertzog, W. A. (1982). Accommodation of a Scientific Conception: Toward a Theory of Conceptual Change. Science Education, 66, 211– 227.

Prenzel, M., Artelt, C., Baumert, J., Blum, W., Hammann, M., Klieme, E. & Pekrun, R. (Hrsg.). (2007). PISA 2006. Ergebnisse der dritten internationalen Vergleichsstudie. Waxmann.

Pukies, J. (1979). Das Verstehen der Naturwissenschaften. Westermann.

Redish, E. F. (2003). Teaching Physics with the physics suite. Wiley.

Rehm, M. (2017). Die Naturwissenschaften disziplinär oder integriert unterrichten? In U. Gebhard, D. Höttecke & M. Rehm (Hrsg.), Pädagogik der Naturwissenschaften (S. 201 – 215). Springer VS.

Rehm, M., Bünder, W., Haas, T., Buck, P., Labudde, P., Brovelli, D., Østergaard, E., Rittersbacher, C., Wilhelm, M., Genseberger, R., & Svoboda, G. (2008). Legitimationen und Fundamente eines integrierten Unterrichtsfachs Science. Zeitschrift für Didaktik der Naturwissenschaften, 14, 99 – 124.

Reinhold, P., Lind, G. & Friege, G. (1999). Wissenszentriertes Problemlösen in Physik. Zeitschrift für Didaktik der Naturwissenschaften, 5(1), 41– 62.

Reiss, K., Sälzer, C., Schiepe-Tiska, A., Klieme, E. & Köller, O. (Hrsg.). (2016). PISA 2015. Eine Studie zwischen Kontinuität und Innovation. Waxmann.

Reiss, K., Weis, M., Klieme, E. & Köller, O. (Hrsg.). (2019). PISA 2018. Grundbildung im internationalen Vergleich. Waxmann.

Rentzsch, W. (2006, 2007). Experimente mit Spaß. Fünf Bände. Aulis.

Reyer, T. (2004). Oberflächenmerkmale und Tiefenstrukturen im Unterricht. Logos.

Reyer, T., Trendel, G., & Fischer, H. (2004). Was kommt beim Schüler an? – Lehrerintentionen und Schülerlernen im Physikunterricht. In J. Doll & M. Prenzel (Hrsg.), Bildungsqualität von Schule: Lehrerprofessionalisierung, Unterrichtsentwicklung und Schülerförderung als Strategie der Qualitätsverbesserung (S. 195 –211). Waxmann.

Rincke, K. (2010). Alltagssprache, Fachsprache und ihre besondere Bedeutung für das Lernen. Zeitschrift für Didaktik der Naturwissenschaften, 16, 235 – 260.

Roth, W.-M., McRobbie, C. J., Lucas, K. B. & Boutonné, S. (1997). Why May Students Fail to Learn from Demonstrations? A Social Practice Perspective on Learning in Physics. Journal of Research in Science Teaching, 34, 509 – 533.

Sach, M. & Heinicke, S. (2019). Herausforderung Inklusion annehmen. Unterricht Physik (Themenheft), 30(170).

Schanze, S., & Girwidz, R. (2018). Lernen mit digitalen Medien. In D. Krüger, I. Parchmann, & H. Schecker, Theorien in der naturwissenschaftsdidaktischen Forschung (S. 177–192). Springer.

Schecker, H. & Duit, R. (Hrsg.) (2007). Standards. Unterricht Physik (Themenheft), 18 (97).

Schecker, H. & Klieme, E. (2001). Mehr denken, weniger rechnen. Physikalische Blätter, 57(7/8), 113 –117.

Schecker, H. & Wiesner, H. (2013). Die Bildungsstandards Physik. Eine Zwischenbilanz nach neun Jahren. Praxis der Naturwissenschaften – Physik in der Schule, 62(5), 11–17.

Schecker, H., Fischer, H. E. & Wiesner, H. (2004). Physikunterricht in der gymnasialen Oberstufe. In H.-E. Tenorth (Hrsg.), Kerncurriculum Oberstufe II (S. 148 – 234). Beltz.

Schecker, H., Wilhelm, T., Hopf, M. & Duit, R. (Hrsg.). (2018). Schülervorstellungen und Physikunterricht. Springer. https://doi.org/10.1007/978-3-662-57270-2

Schiepe-Tiska, A., Rönnebeck, S., Schöps, K., Neumann, K., Schmidtner, S., Parchmann, I. & Prenzel, M. (2016). Naturwissenschaftliche Kompetenz in PISA 2015 – Ergebnisse des internationalen Vergleichs mit einem modifzierten Testansatz. In K. Reiss, C. Sälzer, A. Schiepe-Tiska, E. Klieme & O. Köller (Hrsg.), PISA 2015. Eine Studie zwischen Kontinuität und Innovation (S. 45 – 98). Waxmann.

Schlichting, H.J. (1996). Physik – eine Perspektive der Realität. Physik in der Schule, 34, 283 – 288.

Schmidkunz, H. & Lindemann, H. (1976). Das forschend-entwickelnde Unterrichtsverfahren: Problemlösen im naturwissenschaftlichen Unterricht. List.

Schnotz, W. (2014). Integrated Model of Text and Picture Comprehension. In R.E. Mayer (Hrsg.), The Cambridge Handbook of Multimedia Learning (S. 72–103). Cambridge University Press.

Schulze Heuling, L. (Hrsg.). (2019). Inklusive Lehr- Lern-Prozesse gestalten. Dokumentation der Schwerpunkttagung der Gesellschaft für die Didaktik der Chemie und Physik 2017. Flensburg University Press

Schwichow, M., Christoph, S. & Härtig, H. (2015). Förderung der Variablen-Kontroll-Strategie im Physikunterricht (online-Beilage). MNU, 68 (6), 346 – 350.

Schwippert, K., Kasper, D., Köller, O., McElvany, N., Selter, C., Steffensky, M. & Wendt, H. (Hrsg.). (2020). TIMSS 2019. Mathematische und naturwissenschaftliche Kompetenzen von Grundschulkindern in Deutschland im internationalen Vergleich. Waxmann.

Seidel, T. & Prenzel, M. (2004). Muster unterrichtlicher Aktivitäten im Physikunterricht. In J. Doll & M. Prenzel (Hrsg.), Bildungsqualität von Schule: Lehrerprofessionalisierung, Unterrichtsentwicklung und Schülerförderung als Strategie der Qualitätsverbesserung (S. 177–194). Waxmann.

Singer, S.R., Hilton, M.L. & Schweingruber, H.A. (2006). America's Lab Report. National Academies Press. https://doi.org/10.17226/11311

Sokoloff, D. & Thornton, R. (1997): Using interactive lecture demonstrations to create an active learning environment. The Physics Teacher, 35, 340 – 346.

Solomon, J. & Aikenhead, G. (Hrsg.). (1994). STS Education: International Perspectives in Reform. Teacher‘s College Press.

Spatz, V., Hopf, M., Wilhelm, T., Waltner, C. & Wiesner, H. (2018). Eine Einführung in die Mechanik über die zweidimensionale Dynamik. Die Wirksamkeit des Design-Based Research Ansatzes. Zeitschrift für Didaktik der Naturwissenschaften, 24, 1, 1–12

Spiro, R.J., Coulson, R. L., Feltovich, P.J. & Andreson, D.K. (1988). Cognitive Flexibility Theory: Advanced Knowledge Acquisition in Ill-Structured Domains. In V. Patel, (Hrsg.), Tenth Annual Conference of the Cognitive Science Society (S. 375 – 383). Lawrence Erlbaum.

Sprockhoff, G. (Hrsg.). (1980). Physikalische Schulversuche. Aulis.

Stanat, P., Schipolowski, S., Mahler, N., Weirich, S. & Henschel, S. (Hrsg.). (2019). IQB-Bildungstrend 2018. Mathematische und naturwissenschaftliche Kompetenzen am Ende der Sekundarstufe I im zweiten Ländervergleich. Zusatzmaterialien. Waxmann.

Stinken-Rösner, L., Rott, L., Hundertmark, S., Baumann, Th., Menthe, J., Hoffmann, Th., Nehring, A. & Abels, S. (2020). Thinking Inclusive Science Education from two Perspectives: inclusive Pedagogy and Science Education. Research in Subject-matter Teaching and Learning, 3, 30 – 45.

Strunk, N. & Höttecke, D. (2018). Von der Alltags- zur Bildungssprache. Übergänge im Physikunterricht gestalten. Unterricht Physik, 165/166, 20 – 24.

Tagesspiegel (2019). So grün können Deutschland und Europa wirklich werden. von S. Ehlerding, M. Jauch, J. Schlandt und S. Reçber, https://www.tagesspiegel.de/politik/debatte-um-klimaschutz-so-gruen-koennen-deutschland-und-europa-wirklich-werden/24676434.html

Tesch, M., & Duit, R. (2004). Experimentieren im Physikunterricht – Ergebnisse einer Videostudie. Zeitschrift für Didaktik der Naturwissenschaften, 10, 51– 69.

Traub, R. E. & MacRury, K. (1990). Antwort-Auswahl- vs. Freie-Antwort-Aufgaben bei Lernerfolgstests. Test und Trends 8 – Jahrbuch der Pädagogischen Diagnostik, 8, 128–159.

Trendel, G., Wackermann, R. & Fischer, H. (2007). Lernprozessorientierte Lehrerfortbildung in Physik. Zeitschrift für Didaktik der Naturwissenschaften, 13, 9–31.

Viennot, L. (1979). Spontaneous reasoning in elementary dynamics. European Journal of Science Education, 1, 205–221.

Volkmer, M. & Willer, J. (Hrsg.) (2004). Sicherheit. Unterricht Physik (Themenheft), 15(80/81).

Vosniadou, S. (2012). Reframing the classical approach to conceptual change: Preconceptions, misconceptions and synthetic models. In B. Fraser, K. Tobin & C. McRobbie (Hrsg.), Second international handbook of science education (S. 119–130), Dordrecht: Springer. https://doi.org/10.1007/978-1-4020-9041-7_10

Wackermann, R. & Krabbe, H. (2017). Die Basismodelle des Lehrens und Lernens. MNU Journal, 70(2), 122–130.

Wagenschein, M. (1999, erste Aufl. 1968) Verstehen lehren. Genetisch-sokratisch-exemplarisch. Beltz.

Weinert, F. E. (Hrsg.). (2001). Leistungsmessungen in Schulen. Beltz.

Weltner, K. (1971). Technik und naturwissenschaftlicher Unterricht. MNU, 24, 65–75.

Wiesner, H., Herdt, D. & Engelhardt, P. (1993, 1996, 2003). Unterrichtspraxis Physik, Optik I; Optik II; Optik III/1, zusammen mit Müller, R., Schmidt-Roedenbeck, C. (2005). Optik III/2. Aulis.

Wilhelm, T. (Hrsg.). (2018). Stolpersteine überwinden im Physikunterricht. Anregungen zu fachgerechten Elementarisierungen. Aulis.

Wilhelm, T. & Kuhn, J. (Hrsg.). (2021). Für alles eine App. Ideen für Physik mit dem Smartphone. Springer.

Wilhelm, T., Schecker, H. und Hopf, M. (Hrsg.). (2021). Unterrichtskonzeptionen für den Physikunterricht. Springer. https://doi.org/10.1007/978-3-662-63053-2

Wilke, H.-J. (1997). Physik. Schulexperimente. Cornelsen.

Wille, K. (2020). Der Productive Failure Ansatz als Beitrag zur Weiterentwicklung der Aufgabenkultur. Logos.

Willer, J. (2003). Didaktik des Physikunterrichts. Harry Deutsch

Wittrock, M. C. (1974). Learning as a generative process. Educational psychologist, 11(2), 87–95.

Wittrock, M. C. (1989). Generative processes of comprehension. Educational psychologist, 24(4), 345–376.

Wodzinski, R. (1996). Untersuchungen von Lernprozessen beim Lernen Newtonscher Dynamik im Anfangsunterricht. LIT.

Wodzinski, R. & Stäudel, L. (2009). Aufgaben mit gestuften Hilfen für den Physikunterricht. Friedrich.

Über die Autoren

An der Entstehung dieses Buches haben verschiedene Autoren mitgewirkt. Für jedes Kapitel zeichnen in der Regel jeweils zwei Kollegen verantwortlich. Der Hauptautor ist durch den fetten Druck der entsprechenden Kapitelnummern erkennbar.

Roland Berger ist Professor für Didaktik der Physik an der Universität Osnabrück. Nach dem Physikstudium absolvierte er das Zweite Staatsexamen und hat anschließend drei Jahre an einem Gymnasium unterrichtet. In seiner Promotion an der LMU München untersuchte er die Bedeutung von medizinischen Kontexten für das Interesse und die Leistung von Schülerinnen und Schülern. Der Einfluss kooperativen Arbeitens auf Motivation und Leistung war der Schwerpunkt der Habilitation an der Universität Kassel. Die Entwicklung von interessanten Unterrichtseinheiten und die Erforschung von lernförderlichen Maßnahmen sind nach wie vor zentrale Anliegen der Arbeitsgruppe in Osnabrück.
(Kapitel **7,** 9, 14, 15)

Raimund Girwidz war nach Physik- und Sportstudium mehrere Jahre Lehrer an bayerischen Gymnasien. Von 1989 bis 2000 arbeitete er am Physikalischen Institut der Universität Würzburg (Promotion in Physikdidaktik 1994 und Habilitation 2001). Im Jahr 2001 nahm er den Ruf auf eine C4-Professur an die Pädagogische Hochschule Ludwigsburg an. 2011 wechselte er an die Ludwig-Maximilians-Universität München. Wissenschaftliche Arbeitsschwerpunkte sind: Lernen mit neuen Medien, Verwendung moderner physikalisch-technischer Geräte im Physikunterricht, Visualisierung und Veranschaulichung physikalischer Sachverhalte.
(Kapitel **9, 15,** 18)

Hendrik Härtig ist Professor für Didaktik der Physik an der Universität Duisburg-Essen. Die fachdidaktische Lehre ist ihm sehr wichtig und er versucht, den Studierenden möglichst praxistaugliche Konzepte zu vermitteln. In der Forschung beschäftigt er sich mit dem Einfluss von Sprache auf das Lernen im Physikunterricht und der Individualisierung von Schüler:innenexperimenten.
(Kapitel 8)

Peter Heering hat zunächst Physik und Chemie für das Lehramt an Gymnasien studiert. Nach seiner Promotion sowie dem Referendariat war er als wissenschaftlicher Mitarbeiter in der Arbeitsgruppe Didaktik und Geschichte der Physik an der Carl-von-Ossietzky-Universität tätig. 2006 wurde er an der Universität Hamburg im Bereich Geschichte der Naturwissenschaften habilitiert und ist seit 2009 Professor für Physik und ihre Didaktik an der Europa-Universität Flensburg. In seiner Forschung beschäftigt er sich mit der historischen Entwicklung des Experimentierens in der Physik, der Implementierung von wissenschaftshistorischen Inhalten in die Physikausbildung sowie dem Verhältnis von Forschungs- und Lehrexperimenten.
(Kapitel **1, 2,** 10)

Dietmar Höttecke ist Professor für Didaktik der Physik an der Universität Hamburg. In seiner bisherigen Forschungs-

und Entwicklungsarbeit war das Lernen über die Natur der Naturwissenschaften z. B. mit historischen Fallstudien zentral. Darüber hinaus arbeitet er an der Entwicklung von Lernumgebungen und -materialien für die Implementation von Bildung für nachhaltige Entwicklung im Physikunterricht mit Schwerpunkt Klimawandel. Daneben richtet sich sein Forschungsinteresse auf den Zusammenhang aus Sprache und Lernen in Physik.
(Kapitel 1, 8, **10,** 16, 17)

Martin Hopf hat Mathematik und Physik für das Lehramt an Gymnasium studiert und nach dem Referendariat weitere drei Jahre unterrichtet. 2007 promovierte er über problemorientierte Schülerexperimente an der Ludwig-Maximilians-Universität München. Seit 2008 leitet er als Professor das Österreichische Kompetenzzentrum für Didaktik der Physik an der Universität Wien. Seine Forschungsinteressen sind fachdidaktische Entwicklungsforschung, Schülervorstellungen und Unterrichtskonzeptionen.
(Kapitel 4, 6, **11,** 12, 13, **14, 18**)

Josef Leisen war bis 2016 Leiter des Staatlichen Studienseminars für das Lehramt an Gymnasien in Koblenz und Professor für Didaktik der Physik an der Universität Mainz. Seine Arbeitsgebiete sind Sprache und Physik, Methodik des Physikunterrichts, kompetenzorientierter Physikunterricht, Moderation und Gesprächsführung im Physikunterricht, Lehrerausbildung.
(Kapitel 11, **13, 16**)

Horst Schecker war bis 2021 Professor für Didaktik der Physik an der Universität Bremen. Er besitzt das 1. und 2. Staatsexamen für das Lehramt an Gymnasien und promovierte 1985 über Schülervorstellungen zur Newton'schen Mechanik. 1995 erfolgte die Habilitation im mit dem Schwerpunkt Bereich Computereinsatz im Physikunterricht (Schwerpunkt Modellbildungssysteme im Physikunterricht). Seine Forschungsgebiete sind die Modellierung physikalischer Kompetenz, das Professionswissen von Lehramtsstudierenden, Förderung von Experimentierfähigkeit und die Aufgabenkultur im Physikunterricht.
(Kapitel 2, **3**, 5, 7, 10, **12, 17**)

Hartmut Wiesner war bis 2009 Professor für Didaktik der Physik an der Ludwig-Maximilians-Universität München. Zuvor war er Wissenschaftlicher Mitarbeiter an der Universität Frankfurt. Er hat Physik studiert, in Theoretischer Physik und in Erziehungswissenschaften promoviert und in Didaktik der Physik habilitiert. Seine Forschungsgebiete sind Begriffsentwicklung und Begriffswechsel im Bereich des Sachunterrichts und der Physik in der Mittel- und Oberstufe und im Physikstudium.
(Kapitel 3, **4, 5, 6**)